따라가며 이해하는

역설계

3D스캐닝부터 3D프린팅까지

정길호·정인룡 공저

도서출판 세화

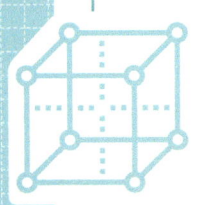
머리말

　3D 스캐닝 기술은 기존 산업을 변화시켜 고부가 가치화 및 제조업의 경쟁력을 강화하고 창조 경제 활성화의 핵심 기술이며, 4차 산업혁명의 핵심 기술의 하나인 3D프린팅과 연관되어 우리 산업의 큰 비중을 차지하고 발전할 것이다.

　본 교재는 국가 직무능력 표준(NCS)중 3D프린터용 제품 제작 직무를 이해하는데 도움이 되고, 실 현장에서 사용되는 장비와 프로그램을 사용하여 직무 내용을 수행하는 과정을 보여주려 한다.

　직무 능력단위 내용을 전부 담을 수는 없지만 3D 스캐닝, 역설계, 3D 프린팅 과정을 하나의 모델을 선정하여 각 과정별 필요한 기본 내용과 실 업무 따라하기 형식의 내용으로 전개하였다.

　그리고, 역설계 과정은 여러 프로그램 중 현장에서 많이 사용되고 있는 NX를 이용하였다. NX에서의 역설계 과정이나 기법 등은 잘 알려지지 않았기에 필자의 산업 현장에서의 경험과 노하우를 바탕으로 기초 내용을 저술하였다.

저자　정 길 호 ｜ 리베스텍 대표
　　　정 인 룡 ｜ 한국폴리텍대학 성남 캠퍼스 교수

본 교재 관련 국가 직무 능력 표준(NCS)

직무명 : **3D프린터용 제품제작**

분류번호	능력단위	능력단위요소
1903110203×17v2	제품스캐닝	스캐너 결정하기 대상물 스캔하기 스캔데이터 보정하기
1903110205×17v2	엔지니어링모델링	2D 스케치하기 3D 엔지니어링 객체형성하기 객체 조립하기 출력용 설계 수정하기
1903110207×17v2	3D프린터 SW 설정	출력보조물 설정하기 슬라이싱하기 G코드 생성하기
1903110208×17v2	3D프린터 HW 설정	소재 준비하기 데이터 준비하기 장비출력 설정하기
1903110209×17v2	제품출력	출력과정 확인하기 출력오류 대처하기 출력물 회수하기
1903110211×17v1	역설계	객체 3D 스캐닝하기 스캔데이터 역설계하기 역설계 데이터 도면화하기
1903110212×20v3	넙스 모델링	3D 형상 모델링하기 3D 형상데이터 편집하기 출력용 데이터 수정하기
1903110213×17v2	폴리곤 모델링	3D 형상 모델링하기 3D 형상데이터 편집하기 출력용 데이터 수정하기

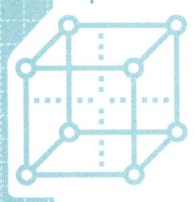

목차

PART I. 3D 스캐닝하기

제1장 3D 스캐닝 개념 … 8
1. 3D 스캐닝이란? … 8
2. 3D 스캐너 종류 및 원리 … 9
   (1) 접촉식 3D 스캐너 … 9
   (2) 비접촉식 스캐너 … 9
   (3) TOF(Time-Of-Flight) 방식 레이저 스캐너 … 10
   (4) 그외 스캐너 … 10
3. 3D스캐닝 활용 … 11
   (1) 역설계 … 11
   (2) 품질 검사 … 11
   (3) 3D 프린팅 … 12
   (4) 의료 분야 … 12
   (5) 엔터테인먼트 … 12
   (6) 문화재, 유적 보존 … 12

제2장 제품 스캐닝 … 13
1. 스캔 준비 … 13
   (1) 사용 스캐너 … 13
   (2) 스캔 대상물 준비 … 14
2. 스캔하기 … 15
   (1) 광학식 스캐너 스캐닝 … 15
   (2) 고정식 레이저 스캐너 스캐닝 … 21

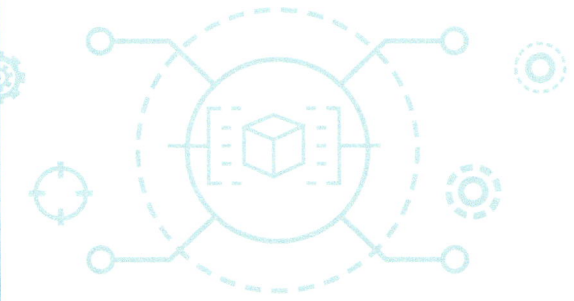

PART II. 역설계

제1장 역설계 개념 · · · 34
1. 역설계란? · · · 34
2. 역설계 활용 · · · 35
   (1) 디자인 제품 개발 – 3D CAD · · · 35
   (2) 노후 금형 및 복수 금형 제작 · · · 36
   (3) 수리(Repair) 부품 제작 · · · 36
   (4) BMT 및 해석 · · · 36
   (5) 의료 분야 · · · 36
   (6) 자동차 튜닝 분야 · · · 37
3. 역설계 프로그램 · · · 37
4. 역설계 방식 및 과정 · · · 37
   (1) 넙스(NURBS)모델링 · · · 38
   (2) 폴리곤(Polygon)모델링 · · · 38
   (3) NX에서의 역설계 과정 · · · 39

제2장 NX에서 역설계하기 · · · 40
1. Reverse Engineering 탭 소개 · · · 40
   (1) 탭 생성 · · · 40
   (2) Reverse Engineering 탭 도구 모음 · · · 40
2. 제품 역설계하기 · · · 41
   (1) 스캔데이터 가져오기 · · · 41
   (2) 역설계 순서 생각하기 · · · 43
   (3) 중심부(원통) 모델링 · · · 44
   (4) 날개 측면 모델링 · · · 51
   (5) 날개 상면 모델링 · · · 60
   (6) 날개 모델링 완성하기 · · · 68
   (7) 블록 모델링 하기 · · · 70
   (8) 모델링 합치기 · · · 73
   (9) 필렛 작업 · · · 74
   (10) 최종 모델링 오차 측정 · · · 78
   (11) 스캔데이터 정렬(Alignment) 하기 · · · 80

목차

PART Ⅲ. 3D 프린팅

제1장 3D 프린팅 개념 · 92
1. 3D 프린팅이란? · 92
2. 3D 프린팅의 역사 · 93
3. 3D 프린터 방식 · 94
4. 프린터 활용 · 97
5. 3D 프린팅 과정 · 98

제2장 3D 프린팅하기 · 99
1. 사용 프린터 · 99
2. 프린팅 과정 · 100
3. STL 파일 생성 · 100
4. 프린팅 프로그램 설정 · 101
5. 프린터 설정 및 프린팅 하기 · 108

PART Ⅳ. 부록

제1장 NX를 이용한 역설계 따라하기 · 112
제2장 레이저 스캐너(DS-2030) 사용법 · 144

참고 문헌 및 참고 사이트 · 168
찾아보기 · 169

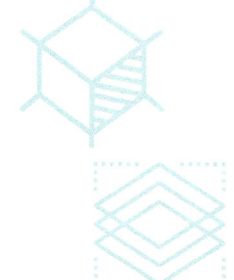
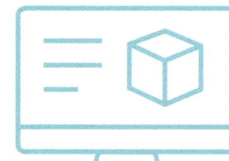

PART I | 3D 스캐닝하기

3D Scanning

Chapter 01
3D 스캐닝 개념

Chapter 02
제품 스캐닝

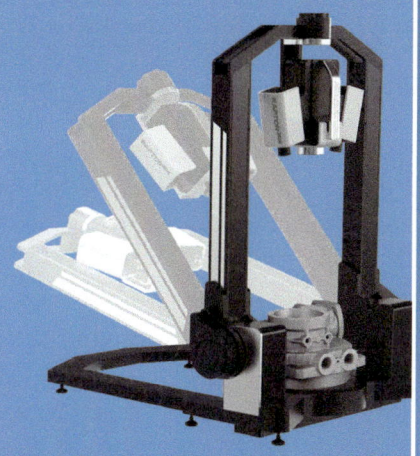

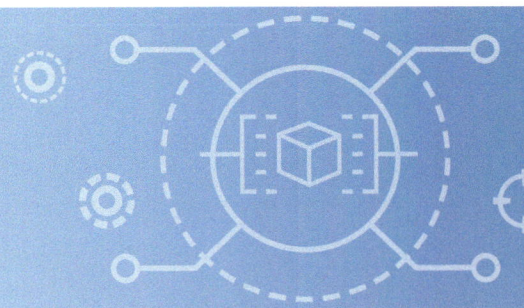

제1장 3D 스캐닝 개념

1. 3D 스캐닝이란?

3차원 스캐닝은 하드웨어 장비(3D 스캐너)를 이용하여 측정 대상으로부터 3차원 좌표 X, Y, Z 값을 읽어 점군(Point Cloud) 또는 폴리곤메쉬(Polygon Mesh)를 형성하는 것이다.
3D 스캐너는 광원, 측정 원리 및 방식에 따라 여러 종류가 있다.

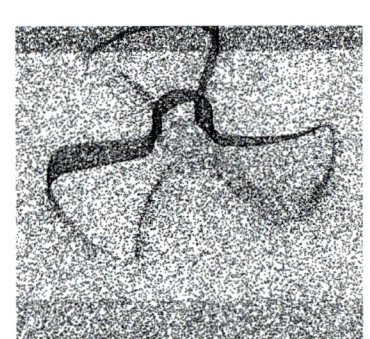

점군(Point Cloud)

폴리곤메쉬(Polygon Mesh)

2. 3D 스캐너 종류 및 원리

(1) 접촉식 3D 스캐너

탐촉자로 불리는 터치 프로브(Touch Probe)로 대상물에 직접 닿게 하여 측정하는 방식이다. CMM(Coordinate Measuring Machine)이 대표적인 방식이다. 대부분의 제조업에 활용되고 있고 정확도가 우수하다. 반면, 대상물의 표면에 접촉해야 하므로 물체에 변형이나 손상을 줄 수 있고, 스캐닝 속도가 느리다.

(2) 비접촉식 스캐너

측정 대상물의 외형이 복잡하거나 변형이 쉽게 되는 경우, 접촉식을 사용 못할 때 사용하며, 스캐닝 속도가 빠르다. 하지만, 투명 하거나 광택 재질의 난반사가 일어나는 측정 대상물은 표면 도포 작업(백색 파우더 스프레이 작업)이 필요하다. 광원, 측정 방법, 이동성, 스캔거리 등에 따라 구분할 수 있다.

❶ 삼각법 레이저 스캐너

일반적으로 많이 사용되는 방식으로 라인 형태의 레이저를 측정 대상물에 주사하여 반사된 광이 CCD 또는 CMOS 카메라 소자에 보여지게 된다. 카메라와 레이저 발신자 사이의 거리, 각도는 고정되어 정해져 있고 카메라 화각 내에서 수신 광선이 CCD또는 CMOS 카메라 소자에 반사되어 오는 각도를 알 수 있어, 발신자와 카메라, 측정 대상물로 이루어진 삼각형으로 위치에 따라 깊이 차이를 알 수 있다.

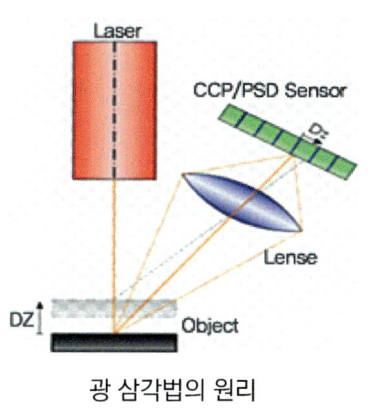

광 삼각법의 원리

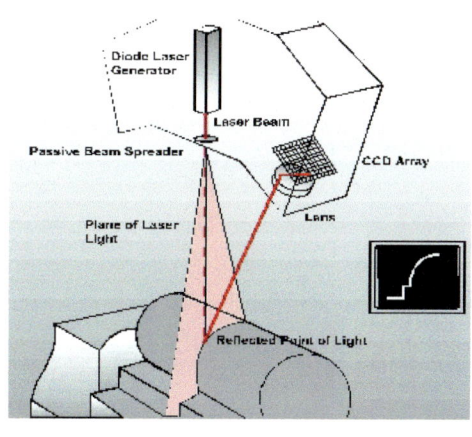

❷ 삼각법 패턴 이미지 스캐너 (광학식 스캐너)

일정한 패턴을 프로젝터 또는 레이저 인터페미터를 이용하여 측정물에 투영시키고, 카메라는 프로젝트로부터 적당한 거리(측정물의 크기에 따라 달라짐)를 두고 위치하여 투영되어 변형된 패턴을 인식하여 삼각법으로 3차원 좌표를 계산한다.

광원은 백색광과 2차원 패턴 방식인 Line 패턴을 많이 사용한다. 광 패턴의 촬영 영역을 한꺼번에 측정할 수 있어 넓은 영역을 빠르게 스캔할 수 있다.

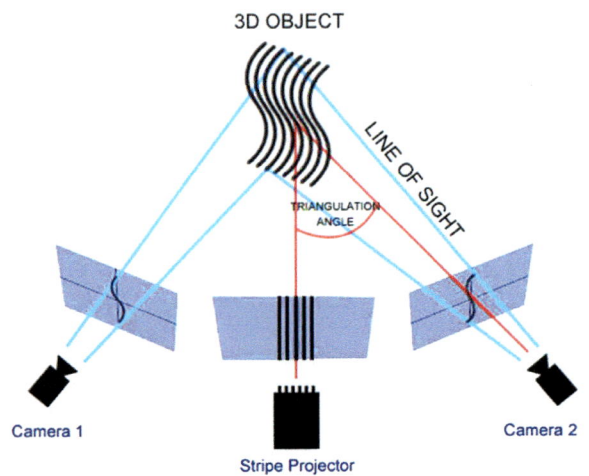

(3) TOF(Time-Of-Flight) 방식 레이저 스캐너

레이저의 펄스가 레이저 헤드를 출발해서 대상물을 맞고 반사하여 돌아오는 시간을 측정하여 최종 거리를 계산한다. (거리=속도×시간)

레이저의 펄스를 카운트 할 수 있는 고주파 타이머가 사용된다.

광대역 스캐너라고도 하며, 먼 거리를 측정할 수 있어 토목 측정이나 대형물 측정에 많이 활용되고 있다. 하지만 측정 정밀도는 낮아 정밀 측정에는 부적합하다.

(4) 그외 스캐너

❶ 핸드헬드(Handheld) 스캐너

손으로 스캐너를 잡고 움직이며 대상물을 스캔하는 방식이며, 점 또는 라인 레이저, 패턴 광을 측정물에 투사하여 반사된 빛을 카메라로 수신하여 광 삼각법으로 계산한다. 휴대성이 좋으나 정확성이 떨어질 수 있다.

❷ CT(Computed Tomography) 스캐너

컴퓨터를 이용한 단층영법의 하나로 의료분야 및 고정밀 산업용으로 사용되고 있다.

【 스캐너 구분 】

구 분		종 류
접촉여부	접촉식	CMM, 다관절(Portable)
	비접촉식	레이저, 광학식(패턴)
측정법	삼각법	레이저, 광학식(패턴)
	TOF	Puls 방식(광대역)
광원	레이저	광대역, 다관절(Portable), 핸드헬드
	광 패턴	광학식(패턴), 핸드헬드
이동성	고정식	CMM+레이저, 광학식(패턴)
	이동식	핸드헬드, 다관절(Portable)

3. 3D스캐닝 활용

(1) 역설계

아무런 정보(도면 등)가 없는 제품을 3D 스캐너로 얻어진 스캔 데이터를 사용하여 3D CAD로 변환하는 과정을 말한다. 3D CAD 데이터는 산업 전 분야(자동차, 기계, 전자, 금형, 항공 우주, 발전, 의료 등) 에서 제품 개발 및 생산에 유용하게 사용되고 있다.

3D 스캔데이터
(Polygon mesh)

3D CAD 데이터

(2) 품질 검사

제품의 3차원 스캔 데이터와 설계(3D CAD)데이터를 정렬 후 비교 및 분석 치수검사 시제품 검사, 샘플 검사 등 제조 관련 분야에서 활용된다.

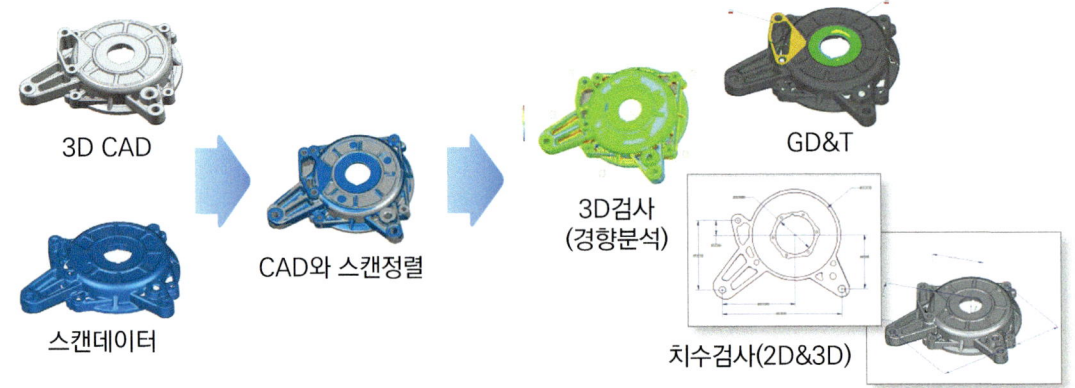

(3) 3D 프린팅

3D 스캔데이터를 이용하여 3D 프린팅 작업을 진행할 수 있다. 스캔 데이터를 Mesh 작업 후 오류 수정 및 디자인 변경하여 STL 포맷으로 저장하여 프린팅 한다. 기념품 제작, 인체 스캔 후 피규어 제작 등에 활용할 수 있다.

(4) 의료 분야

의료 분야에서는 CT 스캔을 사용하고 있고, 또한 치아, 보청기, 인공 관절 등 개인 맞춤으로 제작하는 용도로 많이 사용되고 있다.

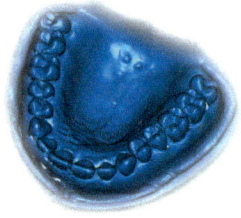

(5) 엔터테인먼트

영화용 CG제작이나 게임에서도 실제 형상물을 3D 스캔하여 전문 3D 툴에서 작업한다.

(6) 문화재, 유적 보존

자연 현상에 의하여 점점 소실되는 문화재 및 유적지를 미리 3D스캔으로 원본 데이터로 백업 해 놓을 수 있다. 추후 손상된 부분을 원본을 통해 확인 및 복원을 용이하게 한다.

제 2 장 제품 스캐닝

1. 스캔 준비

(1) 사용 스캐너

광학식 스캐너 및 고정식 레이저 스캐너 방식을 이해한다.

❶ 광학식(백색광) 스캐너

☑ 스캐너 특징
- 해상도/스캔영역 : 5MP / 330mm
- 3축 구동 플랫폼을 적용하여 물체의 형상을 빠짐없이 3D 스캔
  (360도 테이블회전, -5 to 90 암 축 회전, 45도 스캐너헤드 회전)
- 측정물 고정 불필요
- 한번의 클릭 자동 스캔
- 스캔할 물체의 위치를 인식하여 모든 데이터 자동 정렬

❷ 고정식 레이저 스캐너

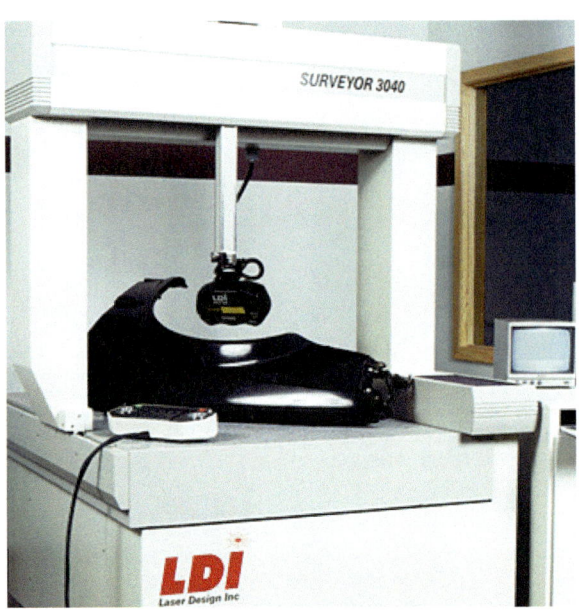

✅ **스캐너 특징**
- Dual System : 접촉 & 비접촉
- 제조사 : 미국Laser Design Inc.
- 3D Volume 정밀도 : 0.015mm
- 사용 축 : X, Y, Z, A, V, W – 6축
- 측정방식 : 3D Line Laser Sensor 기법

(2) 스캔 대상물 준비

❶ 스캔 대상물 선정

▶ 팬 코어

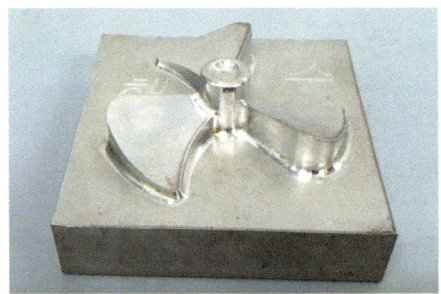

❷ 정합용 볼 부착 및 코팅재 도포

▶ 정합용 볼 부착

대상물의 앞, 뒤의 스캔데이터를 합치는 과정을 정합(Registration)이라 하는데, 합치기 위한 기준이 필요하기에 정밀 볼 3개 이상을 부착한다. 볼의 중심 점을 이용하여 3점을 매칭하면 스캔데이터가 정합이 된다. 만약 앞면만 스캔 시에는 볼이 필요 없다. 지금 대상물도 바닥이 평면이기에 앞면만 스캔하면 된다.

▶ 코팅재 도포

스캔 대상물이 투명하여 투과되거나 표면에 광택이 있어 난반사가 있을 때 표면에 미세한 백색 파우더를 처리한다. 주로 스프레이 방식으로 표면에 도포 한다. 파우더의 입자가 클 경우에는 측정 오차가 생길 수 있으므로, 요구되는 측정 정밀도를 바탕으로 코팅재를 골라 모든 면에 균일하게 도포 한다.

2. 스캔하기

(1) 광학식 스캐너 스캐닝

❶ 스캐너 구성

▶ 하드웨어 구성

- ✅ **스캐너 헤드**
  - 1개 프로젝터와 2개의 카메라로 구성
  - 렌즈 세트 교체로 스캔 영역(FOV) 변경함

- ✅ **자동플랫폼(회전 플레이트)**
  - 대상물 배치
  - 설정한 일정 각도씩 360까지 회전

- ✅ **자동플랫폼(암)**
  - 암 축 -5도~90도 까지 설정한 각도로 이동

> 작동 프로그램 구성

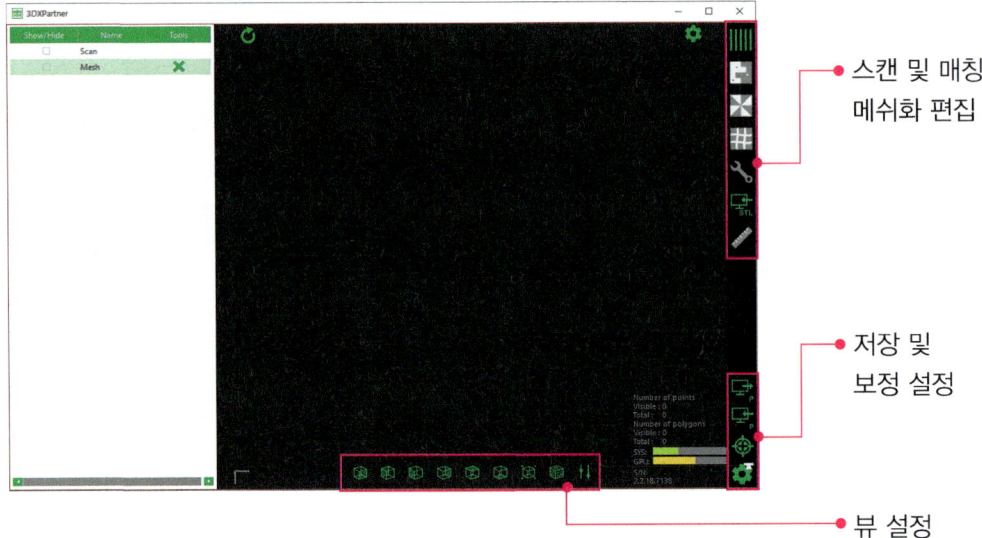

- 스캔 및 매칭 메쉬화 편집
- 저장 및 보정 설정
- 뷰 설정

❷ 스캐너 설정

　가. 카메라 영역 선택 : 스캔 대상물의 크기 및 스캔 목적에 따라 스캔 영역(FOV) 결정 후 렌즈 세트 교체

　나. 스캐너 작동 프로그램 실행

　다. 스캐너 보정(Calibration)

　　㉠ 렌즈 세트 교체, 환경 변화 등에 따라 보정 작업을 수행해야 한다.

　　㉡ 보정 패널을 자동플랫폼 회전 로터리에 설치하고 보정 실행 및 확인한다.

　　㉢ 스캐너마다 보정 방법이 다를 수 있다.

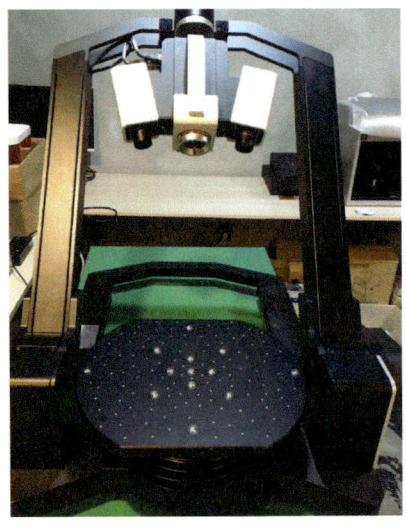

❸ 스캐닝 하기

가. 스캔 대상물 배치

㉠ 스캔 대상물을 자동 플랫폼 회전 플레이트 위에 올려 놓는다.

㉡ 대상물을 플레이트 회전시 움직이지 않게 고정한다.

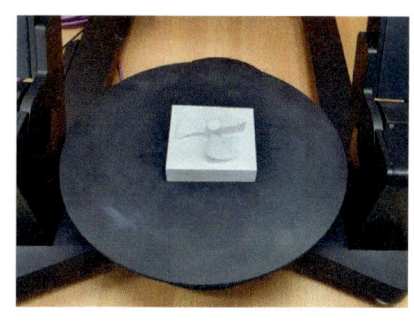

나. 스캔 설정

㉠ 스캔 아이콘

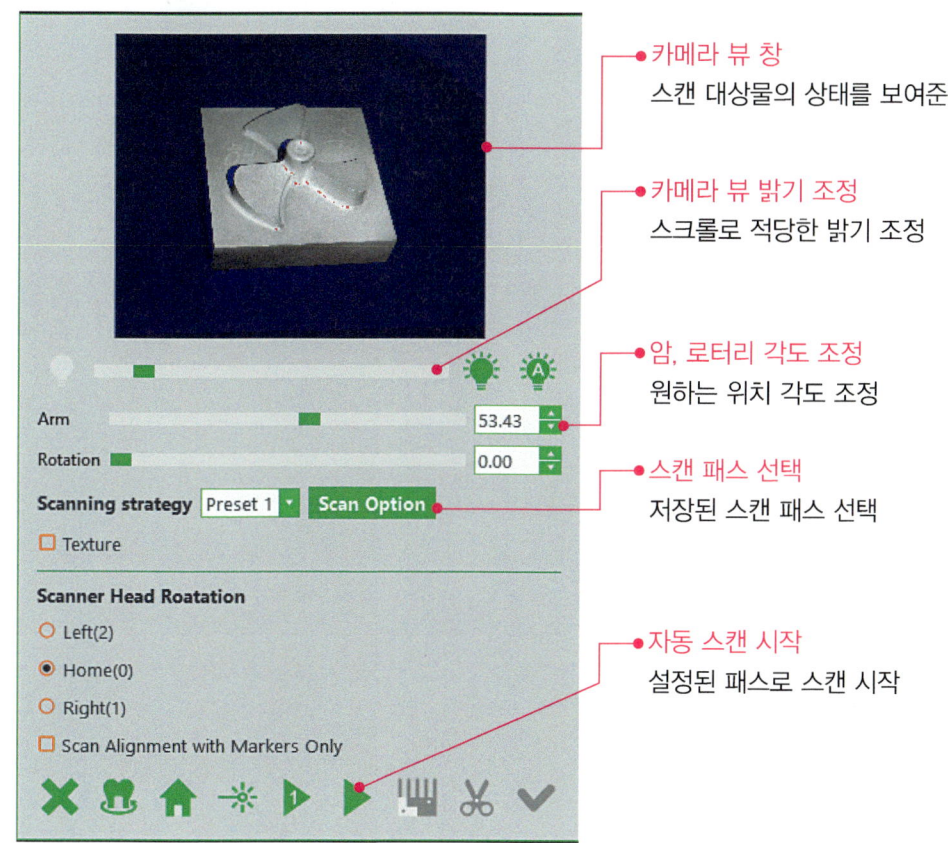

- 카메라 뷰 창 : 스캔 대상물의 상태를 보여준다.
- 카메라 뷰 밝기 조정 : 스크롤로 적당한 밝기 조정
- 암, 로터리 각도 조정 : 원하는 위치 각도 조정
- 스캔 패스 선택 : 저장된 스캔 패스 선택
- 자동 스캔 시작 : 설정된 패스로 스캔 시작

● 대상물의 형상에 따라서 스캔 패스 선택

- Simple(간단) : 디테일이 적은 간단한 형상의 물체
- Medium(보통) : 디테일이 있는 보통 형상의 물체
- Complex(복잡, 세밀) : 디테일이 많고 세밀하고 복잡한 형상의 물체
- Preset 1~5 : 사용자가 원하는 패스를 만든다.

ⓒ 자동 스캔
- 설정된 스캔 패스로 스캐닝(암 : 55도/35도, 로터리 : 30도씩 360도)
- 총 스캔 : 25번 샷 스캔

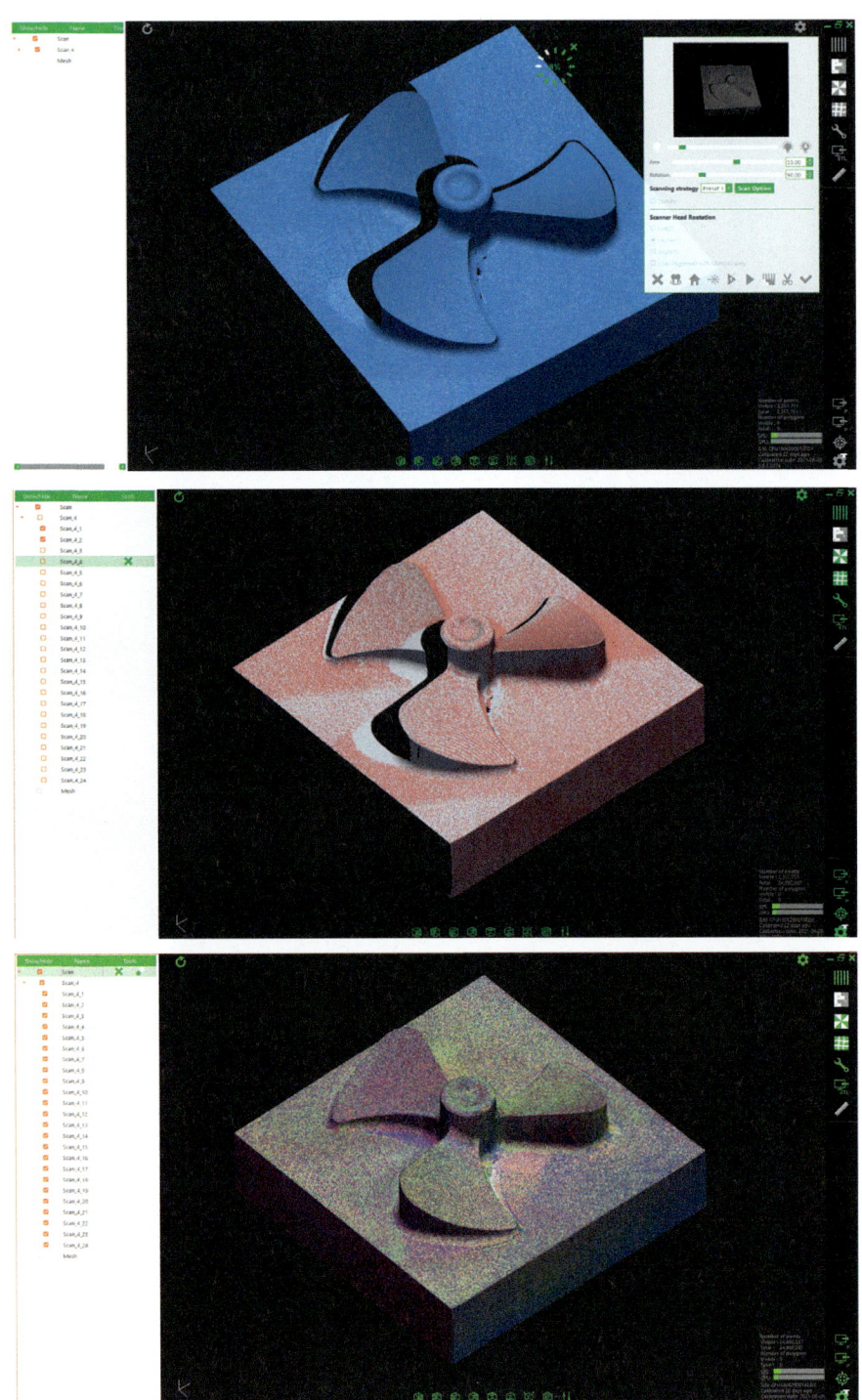

ⓒ 스캔편집 및 정합 매칭

- 편집 : 불필요한 데이터 삭제

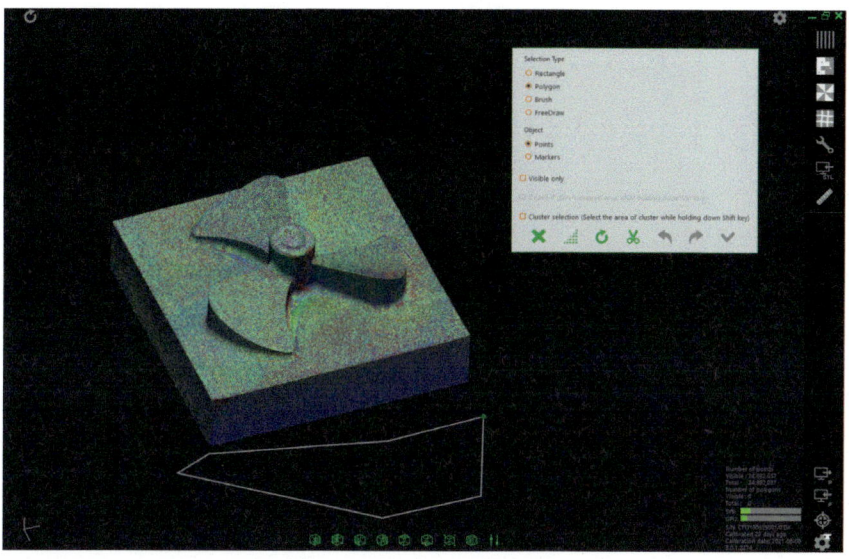

- 25회 스캔데이터를 다시 한번 정합 매칭

다. Polygon Mesh 작업

㉠ 점군(Point Cloud) 데이터를 폴리곤메쉬 데이터화 한다.

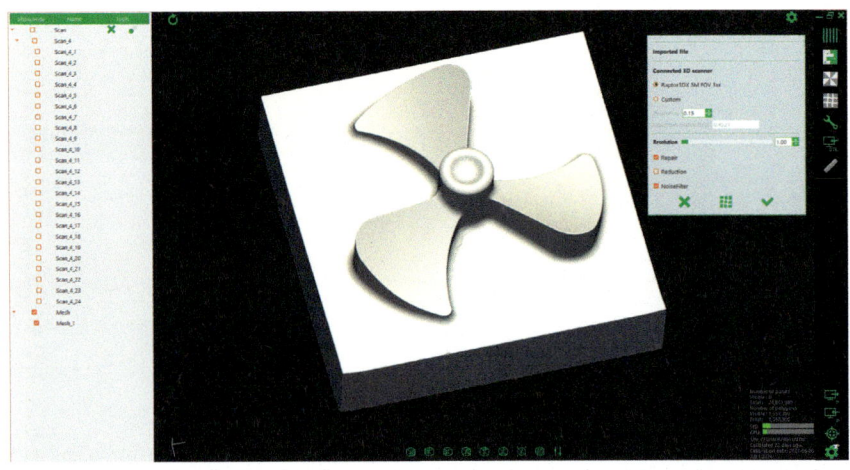

라. 저장하기

최종 데이터는 폴리곤메쉬 데이터를 STL 포맷으로 저장한다.

(2) 고정식 레이저 스캐너 스캐닝

❶ 스캐너 구성

가. 하드웨어 구성

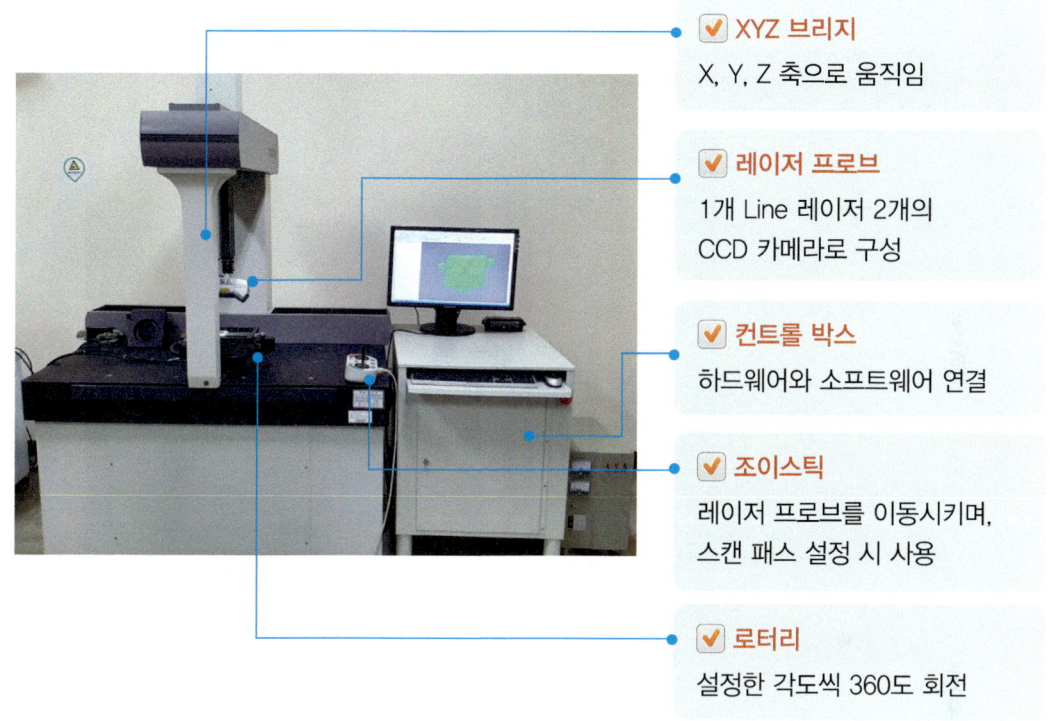

- ☑ **XYZ 브리지**
  X, Y, Z 축으로 움직임

- ☑ **레이저 프로브**
  1개 Line 레이저 2개의 CCD 카메라로 구성

- ☑ **컨트롤 박스**
  하드웨어와 소프트웨어 연결

- ☑ **조이스틱**
  레이저 프로브를 이동시키며, 스캔 패스 설정 시 사용

- ☑ **로터리**
  설정한 각도씩 360도 회전

● 조이스틱 사용법

아래 그림과 같이 왼쪽은 Z측을 움직일 수 있고, 오른쪽은 X,Y축을 움직일 수 있다.

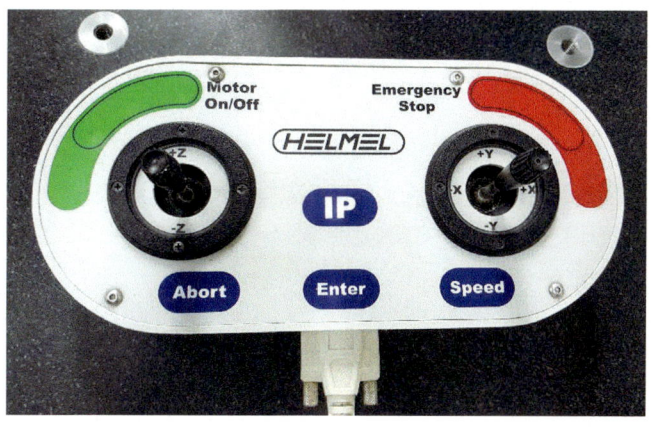

나. 소프트웨어 구성

ⓐ SSC(Surveyor Scan Control) 프로그램

ⓑ **Data Collection Mode**는 scanning 한 데이터(point data의 수, 포인트의 좌표값 등)를 보거나 수정할 수 있는 공간이며, **Path Planning Mode**는 path plan(스캔을 하기 위해 미리 경로를 설정하는 것, 스캔 경로)을 생성하고 편집할 수 있는 공간이다.

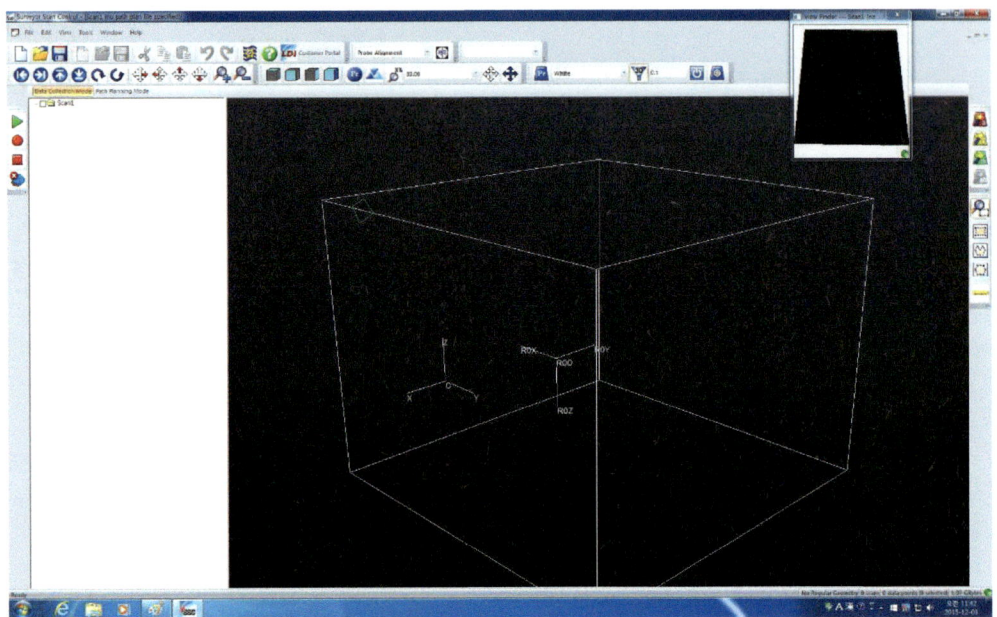

❷ 스캐너 설정

가. 스캐너 보정(Calibration)

ⓐ Laser Probe Alignment

- 처음 사용을 위해서 **Laser Probe Alignment**를 해주어야 한다. (0번, 1번 센서의 사용에 있어서 그날의 온도나 습도에 의한 오차 값을 줄이고 포인트를 공간상에 정확한 데이터로 인식시켜 주기 위해서이다. ※적정온도:19~22도, 적정습도:40~60%)
- 정반 위의 홀에 Alignment Sphere(작은 Ball) 설치

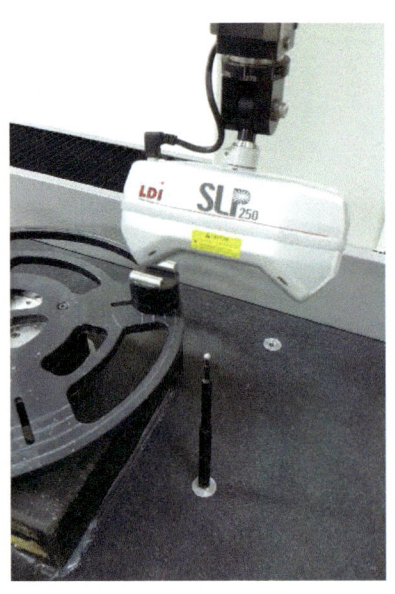

- 화면의 좌측 부분에서 [아이콘] 를 클릭하여 Alignment 화면을 연다.
- 조이스틱을 사용하여 Laser Probe를 Ball의 중심에 올 수 있도록 이동하여 화면 우측 하단 부위의 사다리꼴의 검정 부분에 하얗게 둥근 반원이 그려지도록 한다.
- 그림 같은 상태로 만든 후 /where/(현재 레이저 위치값 지정) 버튼을 클릭한다.

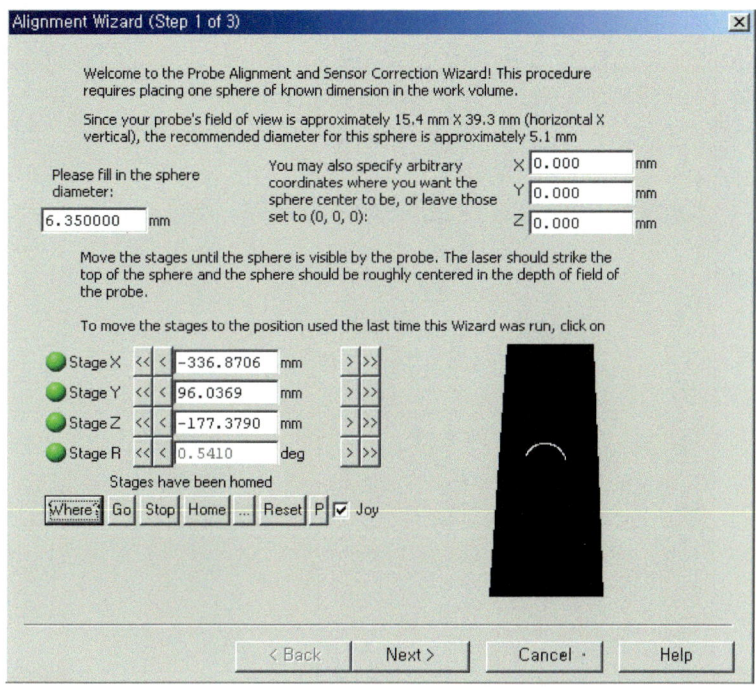

- 완료되면 그림과 같은 화면이 뜨며 /ok/를 클릭하여 보상 값을 적용한다.

ⓒ Rotary Calibration
- 정반 위의 홀에 Alignment Sphere(큰 Ball) 설치
- Alignment와 마찬가지로 Rotary Calibration을 한다. 우측 아이콘 중 🔧 버튼을 누른다.
- 조이스틱으로 Laser를 Alignment Sphere 중심에 위치 시킨다.
- 아래 그림과 같이 열리면 sphere Diameter를 입력하고 /where/를 클릭 후 /Next/를 클릭한다.

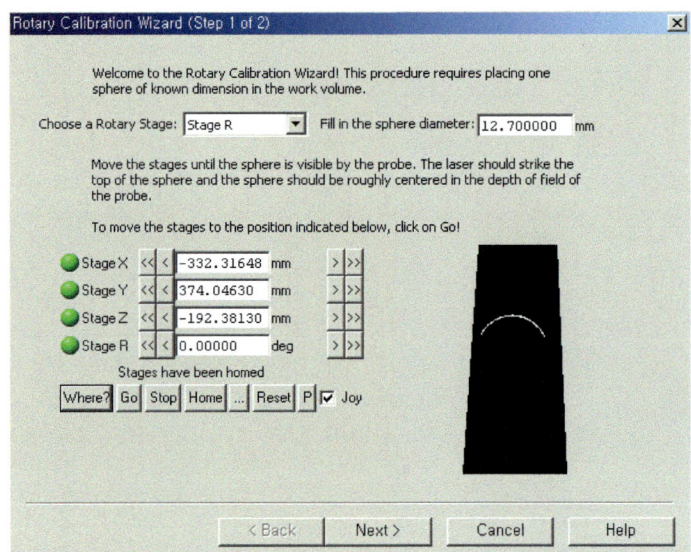

- Calibration이 끝나게 되면 Alignment와 마찬가지로 아래 그림과 같은 화면이 뜨며 /ok/를 눌러 그 값들을 적용시켜 준다.

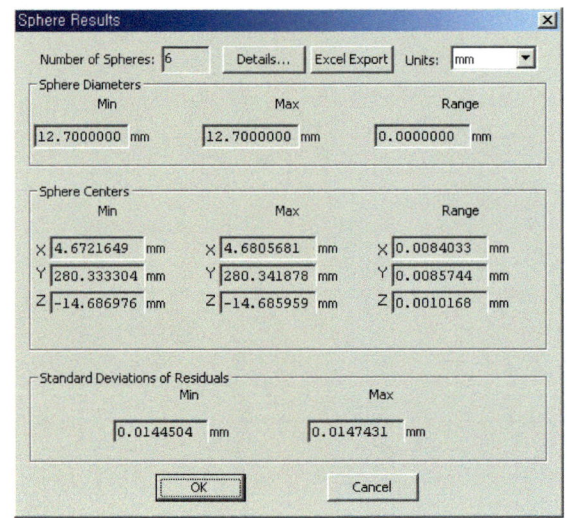

❸ 스캐닝 하기

　가. 스캔 대상물 배치
　　• 스캔 대상물을 로터리 위에 올려 놓는다.
　　• 대상물을 로터리 회전시 움직이지 않게 고정한다.

　나. 볼 스캔하기
　※ 정식 레이저 스캐너에서는 앞, 뒷면 정합을 위해 정밀 볼을 붙여, 볼 스캔 후 볼 중심을 기준으로 매칭하게 된다.
　㉠ Ball Matching wizard 을 클릭하고, 조이스틱으로 볼의 중심에 레이저 라인을 맞추어 놓는다.

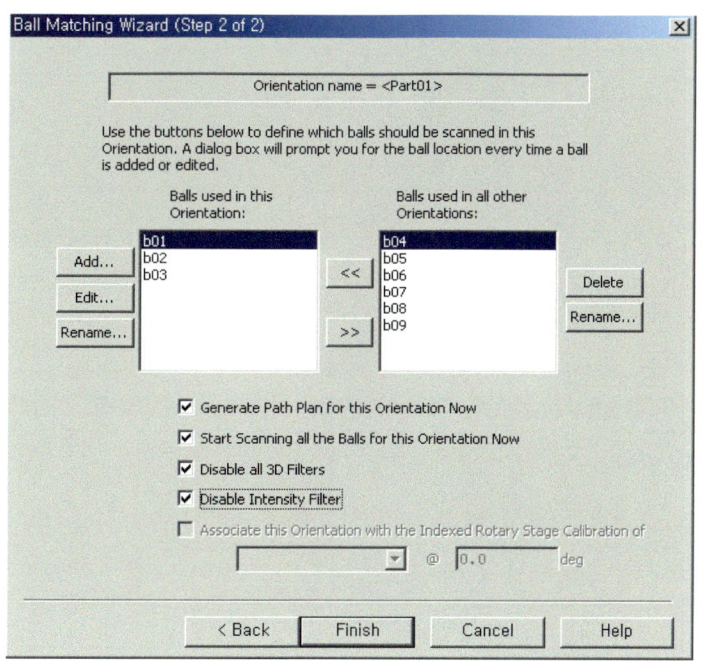

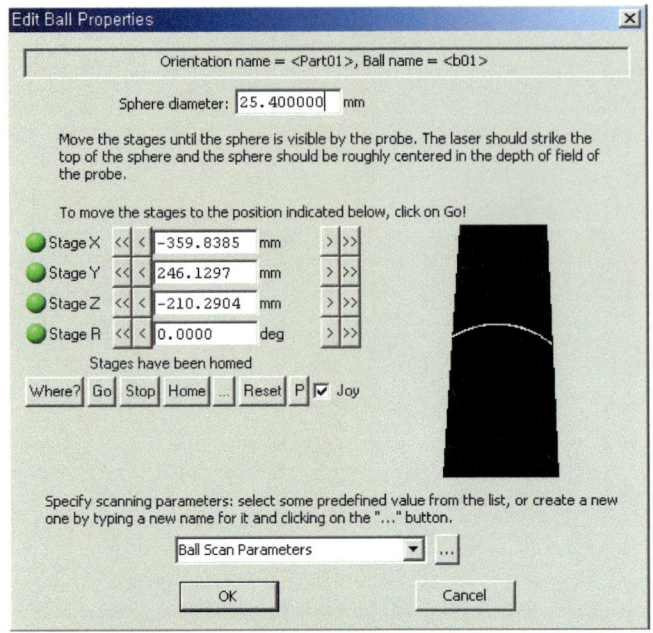

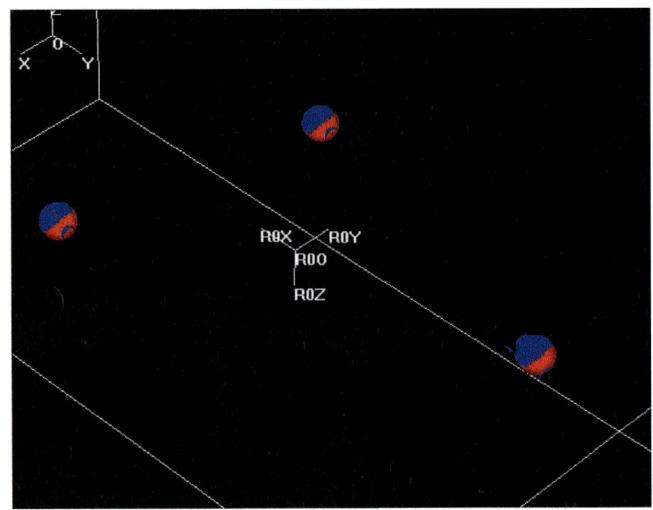

ⓒ 3개 Ball을 같은 방법으로 스캔한다.

※ 본 팬 코어 제품은 앞면만 스캔하기에 볼 스캔은 생략한다.

다. 스캔 패스 설정

스캔 대상물의 스캔 할 범위를 지정해 준다. 스캔 시작 부분과 끝나는 부분을 지정해주고, 나머지는 자동으로 스캔 패스를 로터리 회전 각도를 지정하여 채우게 된다.

㉠ Live Scan 기능을 사용한다.

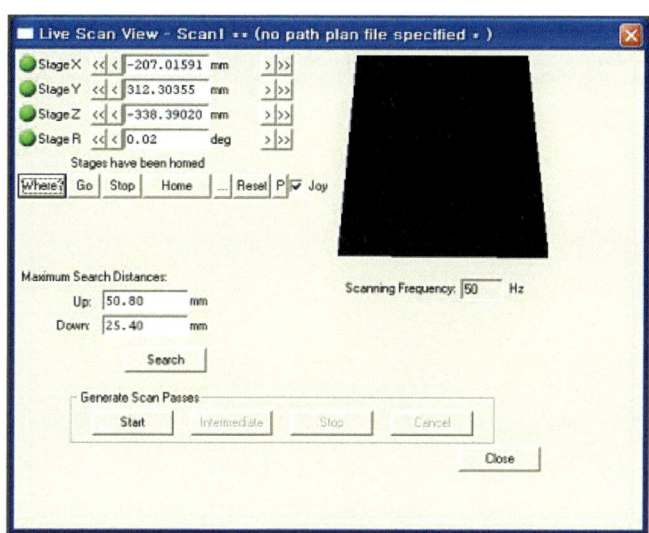

㉡ 스캔 대상물에 레이저 라인을 조이스틱을 이용하여 가장 바깥쪽 각각 네 모서리에 위치하고, Live Scan 창에서 검은 뷰창에 라인이 보이게 조정하고, Start, Stop을 눌러 패스 2개를 생성한다.

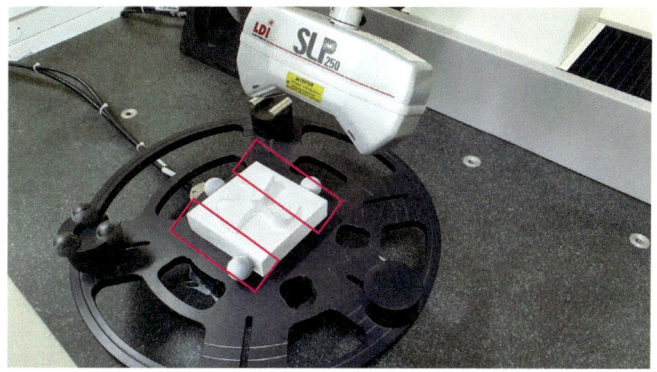

㉢ 스캔 패스가 아래 그림과 같이 생성된다.

ㄹ 스캔 패스를 더블 클릭하여 설정 창을 연다.

스캔 간격을 설정한다. 스캔 대상물의 크기나 정밀 여부에 따라 Linear값을 설정한다.

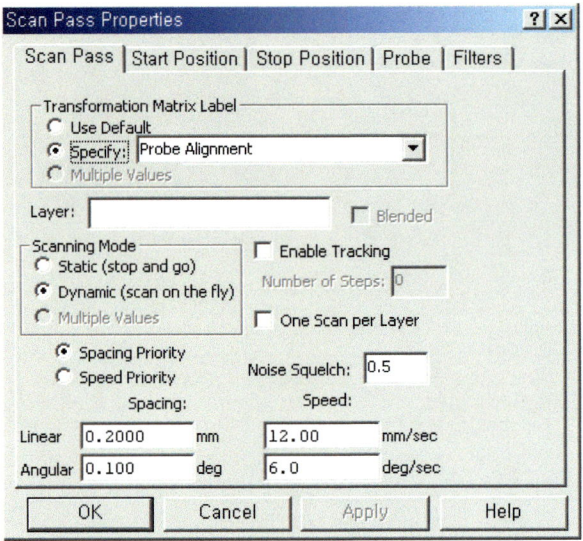

ㅁ 자동 스캔 패스 설정

스캔 대상물 전체를 스캔하려면, 최소 사면에서 스캔해야 한다. 전 단계에서 생성한 2개의 패스가 스캔 범위가 되는 것이며, 패스 사이를 다른 패스로 채워야 한다. 패스 선택 후 우측 마우스 버튼 눌러 Generate Best Path Plan 명령어를 사용한다. Rotary 회전 각도를 설정한다. 보통 4면에서 스캔하기 90도로 설정하면, 2개 패스를 기준으로 사면이 채워진다.

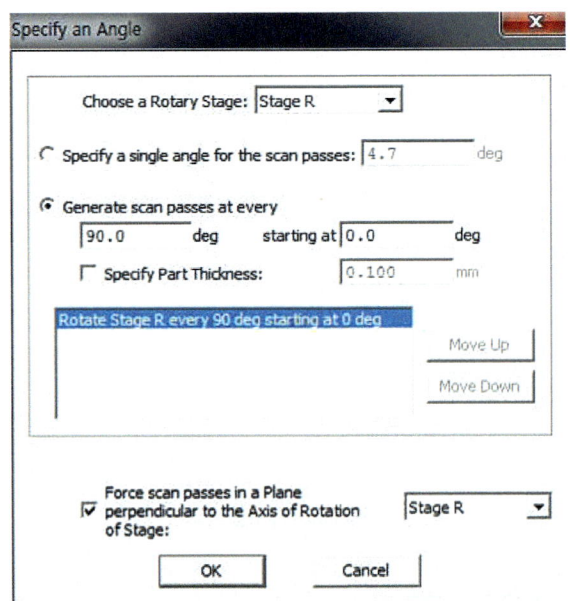

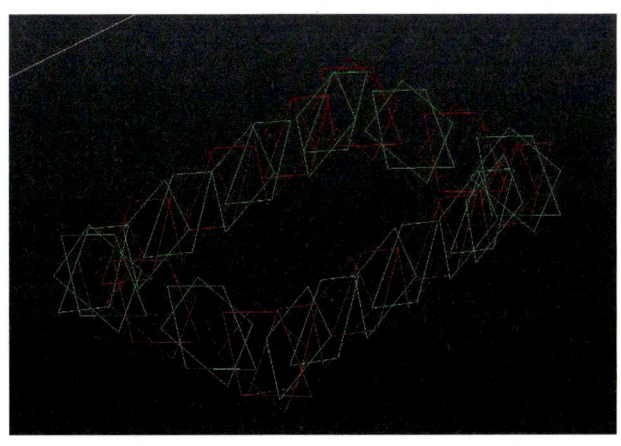

ⓑ 스캔 시작 완료

스캔 시작하면, 자동으로 생성된 패스를 따라 스캔을 진행하게 된다.

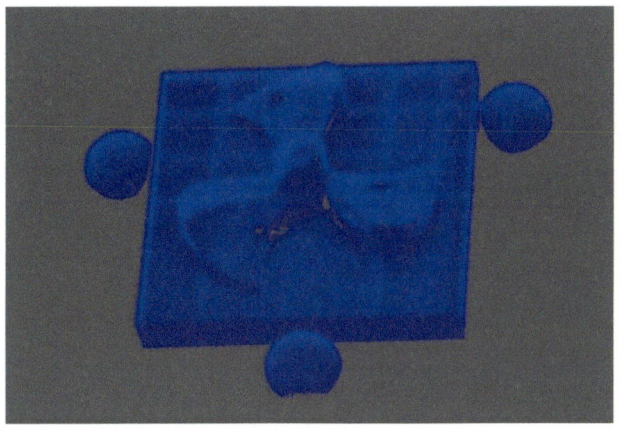

완료된 스캔 데이터는 점군(Point Cloud) 으로 되어 있다.

라. 스캔 데이터 저장하기

완료된 스캔데이터를 igs, asc 파일로 저장한다.

※ 뒷면도 같은 방법으로 스캔을 진행하면 되고, 스캔 볼의 중심을 이용해 앞, 뒤 스캔 데이터를 정합하는 과정이 필요하다. 본 팬 코어는 정합 과정을 생략한다.

❹ 편집 및 Polygon Mesh 생성

레이저 스캐너 프로그램에는 점군(Point Cloud)를 생성하고, 불필요한 데이터 삭제, 필터링 기능은 있지만, Polygon Mesh를 생성하는 기능은 없다. 점군(Point Cloud)은 제품 3D 설계 데이터와 스캔 데이터를 비교하는 검사에서 활용할 수 있다. 하지만 역설계 또는 3D 프린팅을 하기 위해서는 Polygon Mesh 데이터가 있어야 한다. 그래서 별도의 프로그램이 필요하다. 프로그램 종류로는 Geomagic과 Polywork 프로그램을 많이 사용한다. 두 프로그램은 검사 기능을 가지며, 스캔 데이터를 편집, 정합, 정렬, Polygon Mesh 생성 등 스캔 데이터를 활용할 수 있는 여러 기능을 가지고 있다.

팬 코어 스캔 데이터는 Geomagic Control X에서 편집, Mesh 생성 과정이다.

가. 스캔데이터 불러오기

스캔데이터 igs, asc 파일을 불러오면, 점군(Point Cloud)로 인식한다.

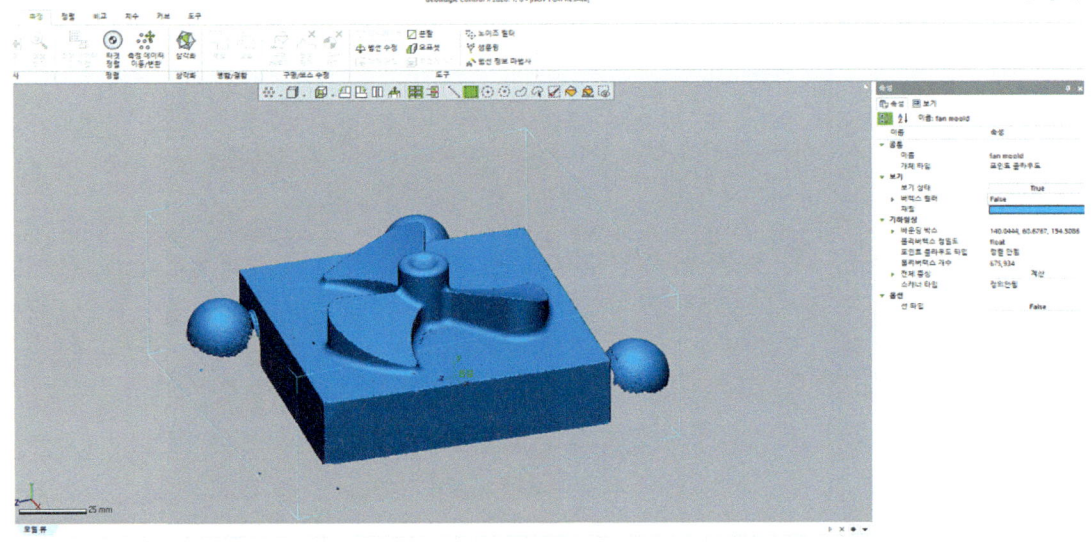

나. 삭제

불필요한 부분(볼, 바닥 부) 데이터를 선택하여 삭제한다.

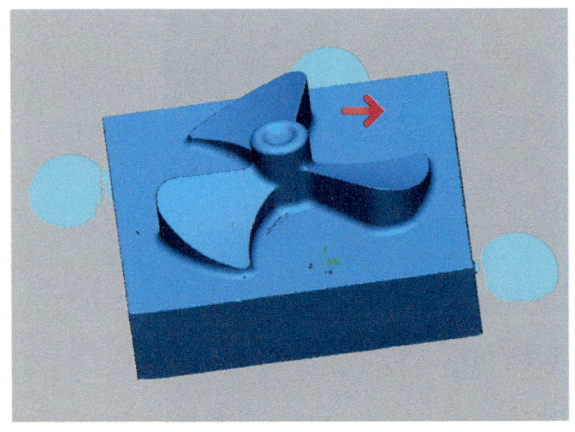
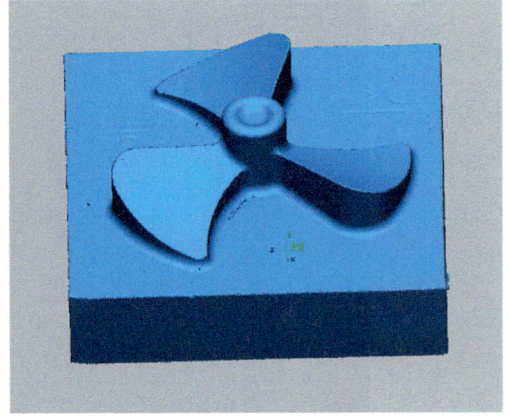

다. 노이즈 필터

스캔데이터 중 선택하여 삭제하기 힘든 노이즈 그룹을 삭제한다.

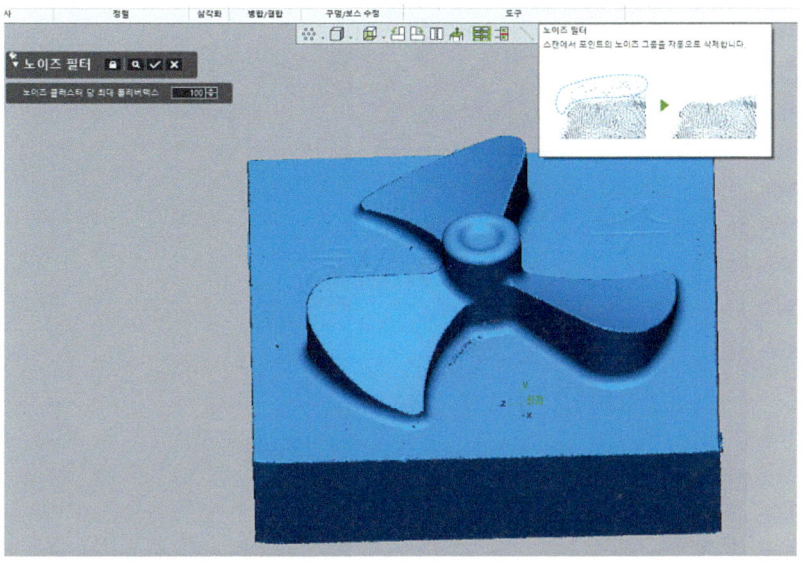

라. 샘플링

스캔 데이터 중 겹치는 포인트 등을 곡률 또는 거리 기준으로 포인트 클라우드 내의 전체 포인트 개수를 줄여 준다.

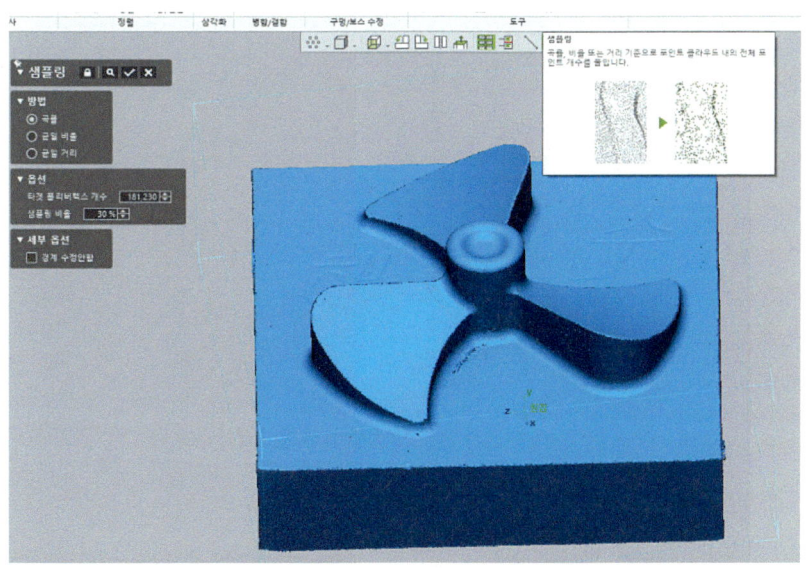

마. 삼각화(Mesh) 작업

포인트 클라우드를 삼각화한다.

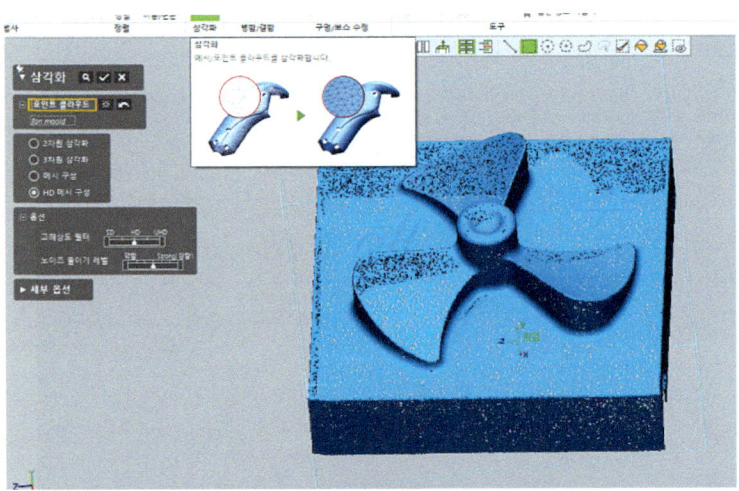

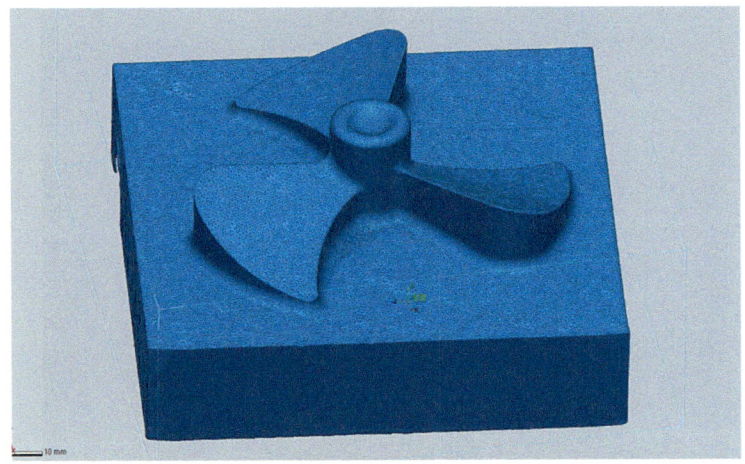

바. 저장하기

Mesh화 한 스캔데이터를 STL 포맷으로 저장한다.

PART II 역설계

Reverse Engineering

Chapter 01
역설계 개념

Chapter 02
NX에서 역설계하기

제1장 역설계 개념

1. 역설계란?

역설계란 무엇을 말하는 것일까? 먼저 사전적 의미를 살펴보자. **Reverse는 '반전', '바꾸다', '뒤집다'** 라는 의미이다. 이를 글쓴이 맘대로 직역하고 해석하면 거꾸로 가는 엔지니어링, 다시 말해 **이미 엔지니어링이 완료된 특정 대상을 역으로 엔지니어링**하여 살펴보는 과정이라 해석할 수 있다.

Reverse Engineering의 반대말인 Engineering은 새로운 과제의 개발에 초점을 두고 요구사항을 달성하기 위해 관련요소 및 프로세스, 시스템을 고안하는 즉 새로운 **창의성과 독창성을 목적**으로 하지만, Reverse Engineering은 새로운 것이 아닌 이미 엔지니어링이 끝난 특정 대상의 부품이나 요소, 시스템을 **평가하고 분석**하는데 그 목적이 있다.

학문적으로는 **필요로 하는 기술부문의 데이터를 개발하기 위해 기존 부품을 물리적으로 측정·검사· 확인하는 과정**으로 정의 됩니다. 다시 말해 이미 만들어진 부품이나 기계, 프로그램을 연구하고 복제하는데 사용되는 하나의 공학으로 분류 되며 약어로 RE(Reverse engineering)로 표현한다. RE 과정은 측정, 분석, 테스트의 과정을 거치게 되는데 오늘날에는 측정 기술(3D 스캐너) 및 분석 기술의 발달로 역설계 공학의 정도 또한 높아지고 있다. 예를 들어 특정 기계를 오랜 기간 동안 문제 없이 사용하고 있던 중 부품의 일부가 마모, 파손되어 교체를 하여야 하나 공급업체의 부품 공급이 중단되고 설계 데이터가 없을 때 부품을 복제하고 생산하기 위해서 역설계라는 공학적인 솔루션을 사용하게 되는 것이다. 이러한 사례는 역설계의 긍정적인 표준이며 순기능이라 할 수 있다.

역설계의 과정에 있어서 중요한 것은 측정 대상물의 데이터 수집이라 할 수 있다. 제한적이지 않은 도면이나 기술정보를 수집하고 물리적 특성을 측정하여 이를 데이터화한 후 검증 과정을 거치게 된다. 검증 시에는 공차와 치수의 적합성을 평가하는 과정이 포함되어 있다. 특히나 기계 부품의 역설계 시에는 필요로 하는 정밀도와 허용 오차의 관계를 파악할 수 있는 역량을 필요로 한다.

역설계 요점정리

- ☑ **Engineering** : 새로운 과제의 개발, 창의성, 독창성에 중점을 두는 것
- ☑ **역설계(Reverse Engineering)** : 완성된 Engineering 특정 대상의 평가와 분석에 중점을 두는 것

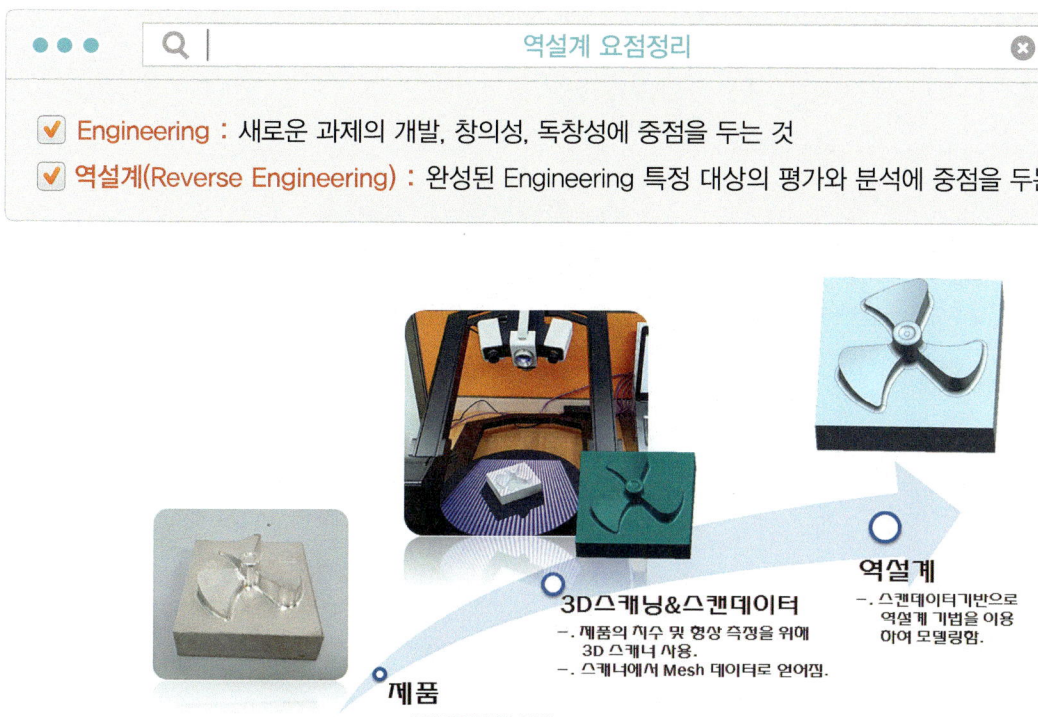

2. 역설계 활용

모든 산업 분야에 활용되며 대표적으로 자동차, 국방, 항공, 선박, 건축, 의료 분야 등에 적용되고 있다.

(1) 디자인 제품 개발 – 3D CAD

디자인 된 목업을 3D CAD 데이터 생성하여 제품 개발 설계와 제작 등에 활용한다.

(2) 노후 금형 및 복수 금형 제작

데이터(3D, 2D cad)가 없는 파손된 금형 또는 현장 수정으로 인한 기존 데이터를 사용 불가 시 금형을 역설계하여 재 금형 제작

 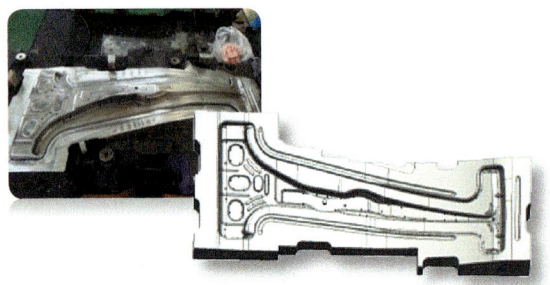

(3) 수리(Repair) 부품 제작

- 특정 부위가 손상되었을 때 전체를 교환하면 비용이 많이 소요되기에 손상된 부품만 역설계하여 제작
- 단종된 부품 제작 위한 데이터

 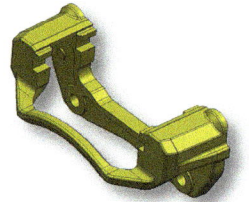

(4) BMT 및 해석

경쟁사 및 유사 제품을 이용하여 새로운 제품 개발을 위해 제품 해석 및 분석하기 위한 3D CAD 화

(5) 의료 분야

개인 맞춤 및 의료 제품 개발에 적용

 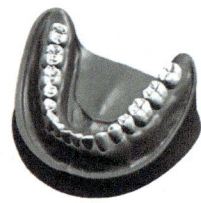  

(6) 자동차 튜닝 분야

기존 자동차에 새로운 기능 또는 디자인 제품 장착 및 개발

3. 역설계 프로그램

역설계 프로그램은 기존의 설계 프로그램과 역설계 전용 프로그램으로 구분할 수 있다. 전용 프로그램은 스캔데이터 편집, 메쉬 생성 등 스캔데이터 활용 기능들이 많으며, 또한 역설계를 좀 더 쉽게 할 수 있게 되어 있다. 기존 설계 프로그램은 설계 기능에 역설계 기능을 추가하여 기존 기능들과 연계하여 사용할 수 있는 것이 장점이다.

구 분	제품명		제조사	기능차이	종 류
				메쉬 편집	역설계
역설계 전용	Rapidform XOR	Design X	3DSYSTEMS	세부적인 기능 지원	Live Transfer 로프트 마법사, 메시피팅, 단면 커브 추출
	Geomagic Studio				
	Polyworks	Polyworks	InnovMetric Software		메시피팅
CAD +추가 옵션	CATIA	역설계 모듈	DassaultSystemes	기본적인 기능 지원	기본적인 기능 지원
	SolidWorks		DassaultSystemes		
	UG/NX		Siemens PLM		
	PROE		PTC		

4. 역설계 방식 및 과정

모델링은 넙스(NURBS)모델링과 폴리곤(Polygon) 모델링으로 나눌 수 있다.

0차원(점), 1차원(선), 2차원(면)을 이용해 가상의 3차원(공간)에 물체를 표현하는 방식을 모델링이라고 한다. 가상의 3차원 면은 메쉬(Mesh), 생성된 오브젝트(object)는 지오메트리(Geometry)라고 한다.

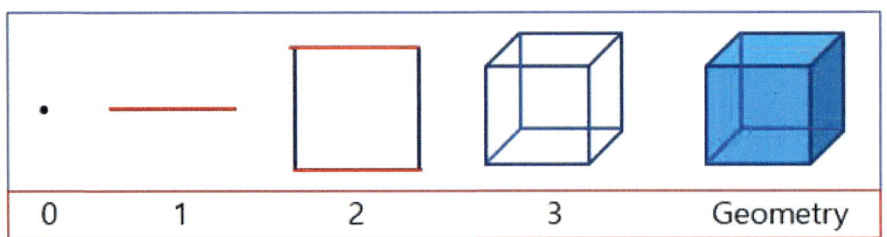

(1) 넙스(NURBS)모델링

NURBS(Non-Uniform Rational B-Spine) : 비균일 유리 B 스플라인

- 3차원 기하체를 수학적으로 재현하는 방식으로 점, 선, 원, 곡선부터 곡면이나 덩어리까지 구하는 방식이다. 기하체 제어 요소는 차수(degree), 컨트롤포인트(control points), 매듭(knots), 계산방식(evaluation rule) 이다.
- 대부분 설계 툴들의 모델링 방식이다.

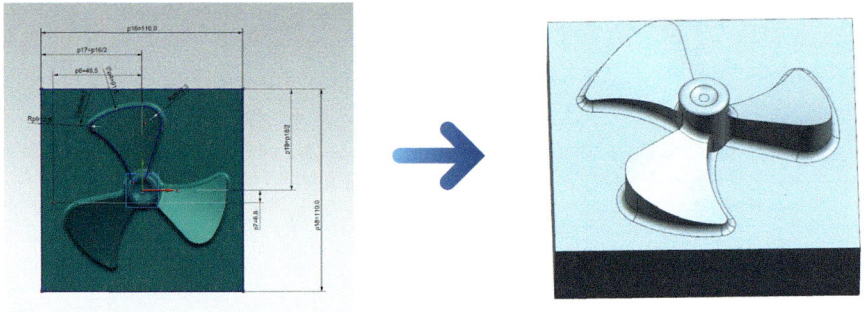

(2) 폴리곤(Polygon)모델링

- 폴리곤 형태를 구성하는 점, 선, 면의 집합으로 메쉬(Mesh)를 제작하는 방식으로 모든 면을 삼각형의 조합으로 나타내며, 게임 그래픽에서 많이 사용한다.
- 역설계 전용 프로그램에 자동 면 생성 기능이 있으며, 모델링은 빨리 할 수 있지만 면 품질이 스캔데이터에 따라 달라지고 모델링 수정은 어렵다.
- 자연물이나 인체 부위 캐릭터 같은 불균일하고 복잡한 형상을 모델링 하고자 할 때 사용한다.

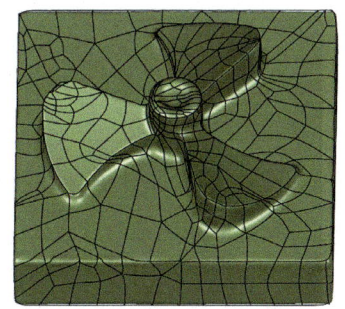

(3) NX에서의 역설계 과정

넙스 모델링 방식으로 역설계 한다.

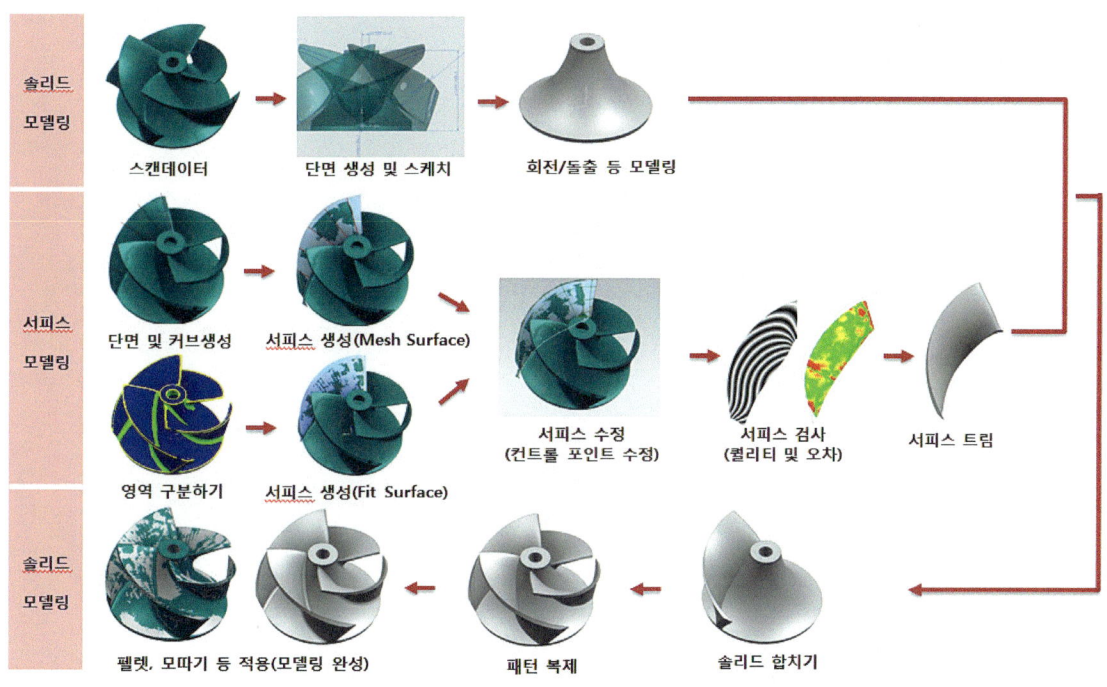

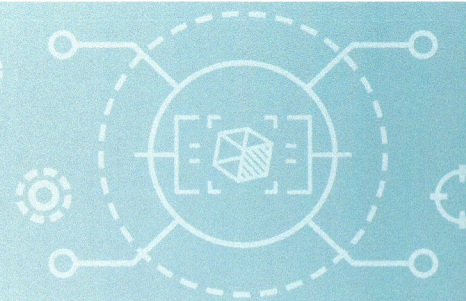

제2장 NX에서 역설계하기

1. Reverse Engineering 탭 소개

(1) 탭 생성

NX 상단 툴바에서 마우스 우측 클릭하여 Reverse Engineering 메뉴를 체크하면 상단에 Reverse Engineering 탭이 생기게 된다.

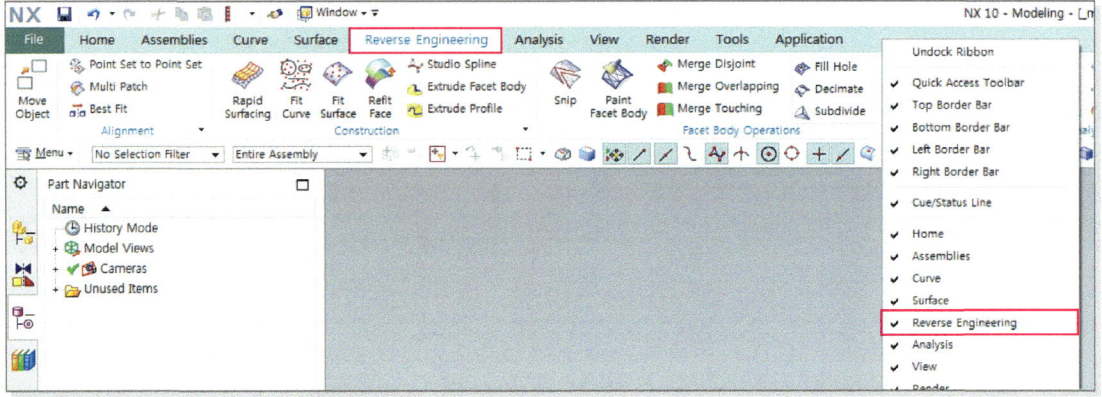

▶ 역설계 시 자주 사용되는 기능 명령어를 모아둔 탭이고, 기존 메뉴에서도 명령어를 찾아 사용 할 수 있다.

2) Reverse Engineering 탭 도구 모음

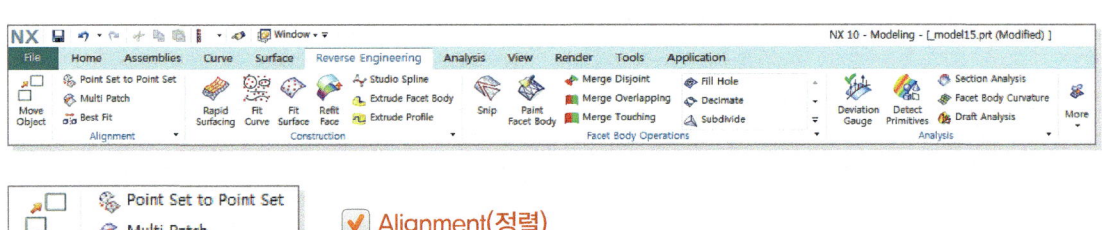

✅ **Alignment(정렬)**
떨어진 STL 데이터들을 매치, 정렬시키는 기능들

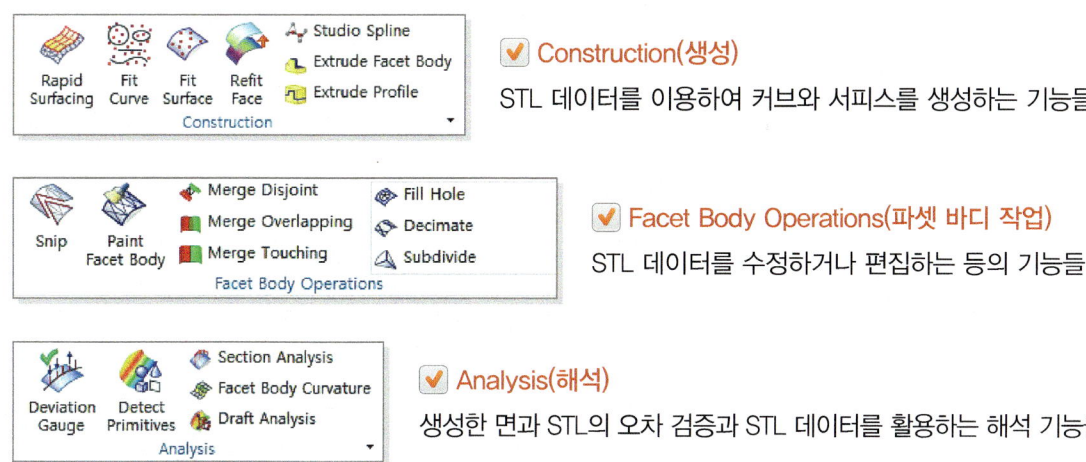

✅ Construction(생성)
STL 데이터를 이용하여 커브와 서피스를 생성하는 기능들

✅ Facet Body Operations(파셋 바디 작업)
STL 데이터를 수정하거나 편집하는 등의 기능들

✅ Analysis(해석)
생성한 면과 STL의 오차 검증과 STL 데이터를 활용하는 해석 기능들

2. 제품 역설계하기

(1) 스캔데이터 가져오기

❶ File > Import > Stl...기능으로 스캔데이터 경로 설정 후 OK를 누른다.

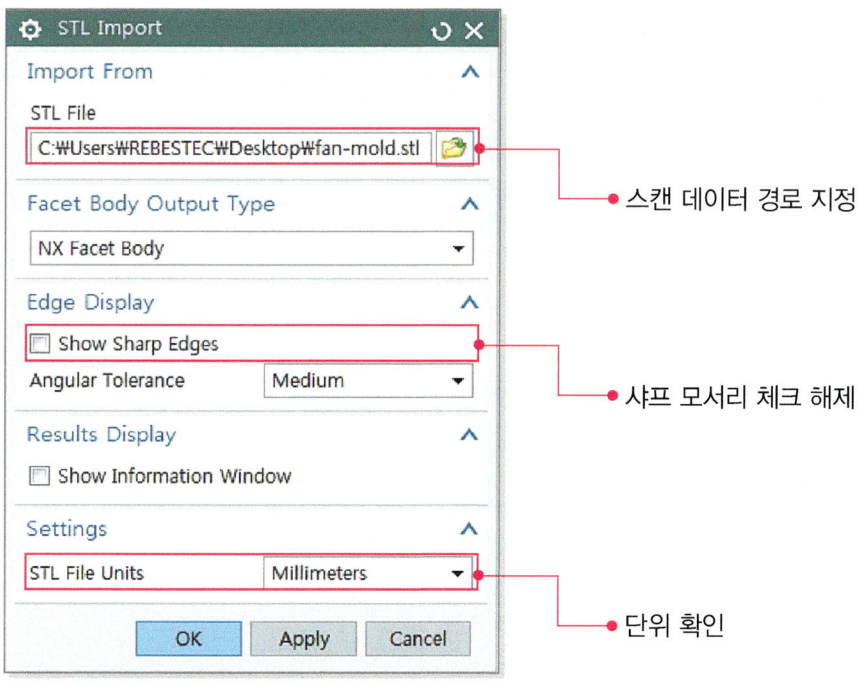

• 스캔 데이터 경로 지정

• 샤프 모서리 체크 해제

• 단위 확인

❷ Part navigator에서 Facet Body를 확인한다.

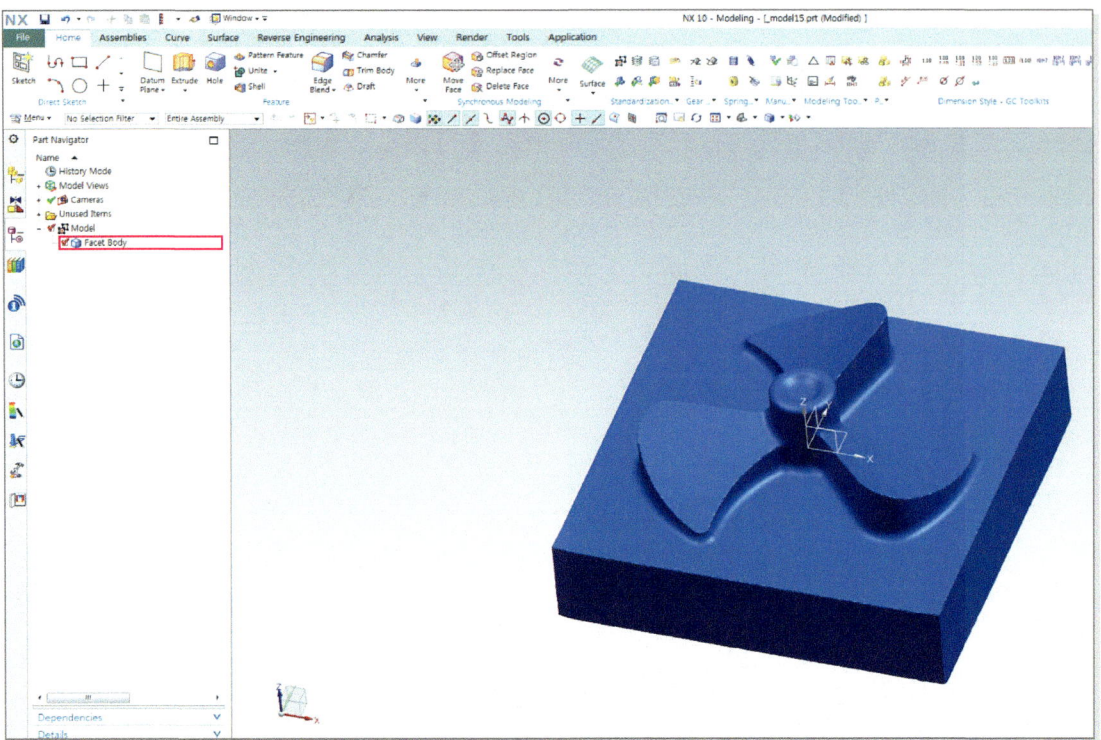

Facet Body가 보이지 않으면 Part Navigator의 Name 위치에 마우스 커서를 놓고, 마우스 우측 버튼을 눌러 Timestamp Order 체크

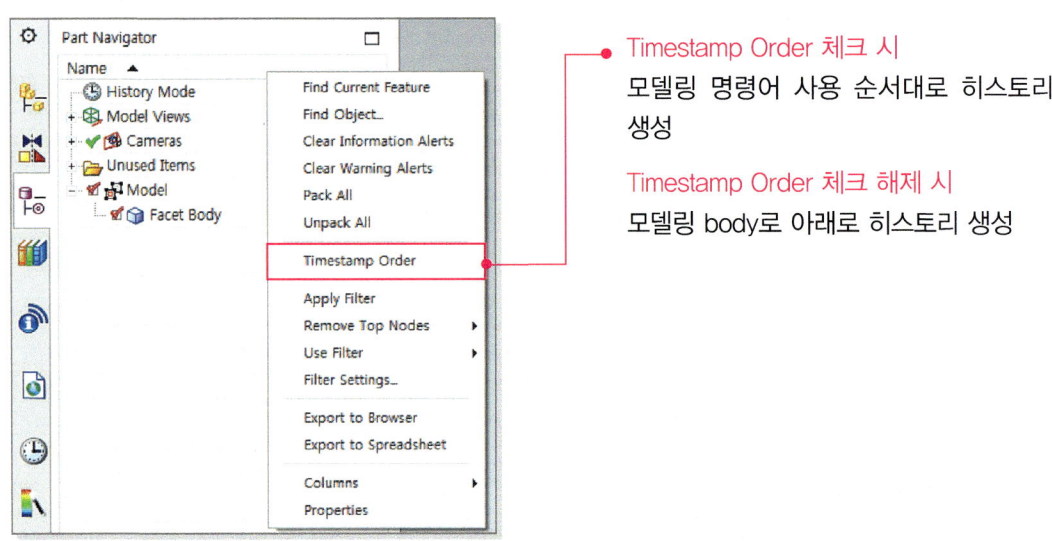

Timestamp Order 체크 시
모델링 명령어 사용 순서대로 히스토리 생성

Timestamp Order 체크 해제 시
모델링 body로 아래로 히스토리 생성

▶ NX에서는 STL 데이터에 Facet Body라는 용어를 사용한다. Facet body가 들어가는 명령어들은 STL과 관련된 기능들이다.

(2) 역설계 순서 생각하기

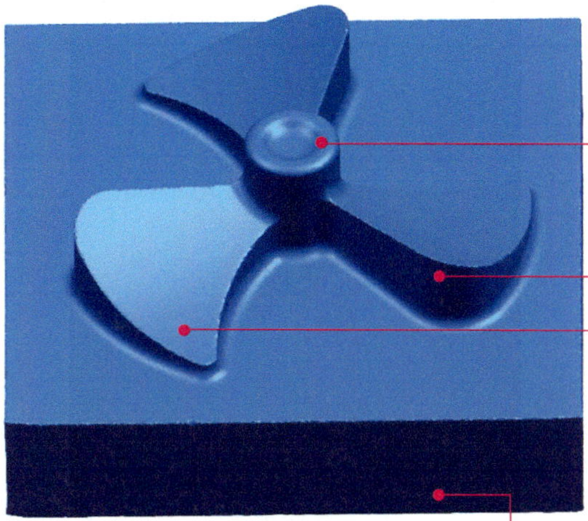

① 중심 부 생성
- 단면 생성 후 스케치
- 회전 모델링

② 날개 측면 생성
- 단면 생성 후 스케치
- 돌출 모델링

③ 날개 상측면 생성
- 스캔 영역 구분
- 곡면 맞춤 서피스 생성
- 편차 측정

④ 날개 1개 완성
- ②측면을 ③상측면으로 잘라내기

⑤ 블럭 생성
- 단면 생성 후 스케치
- 돌출 모델링

⑥ 날개 1개 회전 패턴
- ④날개 3개 회전 패턴

⑦ 결합
- ①, ④, ⑥ 결합

⑧ 필렛 및 완성
- R 값 확인 후 필렛

▶ 모델링 순서나 방법은 정해진 것은 없지만, 미리 과정과 사용 기능을 생각하는 것이 중요하다.

(3) 중심부(원통) 모델링

❶ 단면 추출하기

스캔데이터(STL 파일)은 치수 정보 등을 가지고 있지 않기에 Curve를 그리거나 Sketch를 하기 위한 치수를 알아내기 위해서도 단면 추출이 필요하다.

가. Section Curve 【Curve 탭 > Derived Curve 그룹 > Section Curve 】 실행

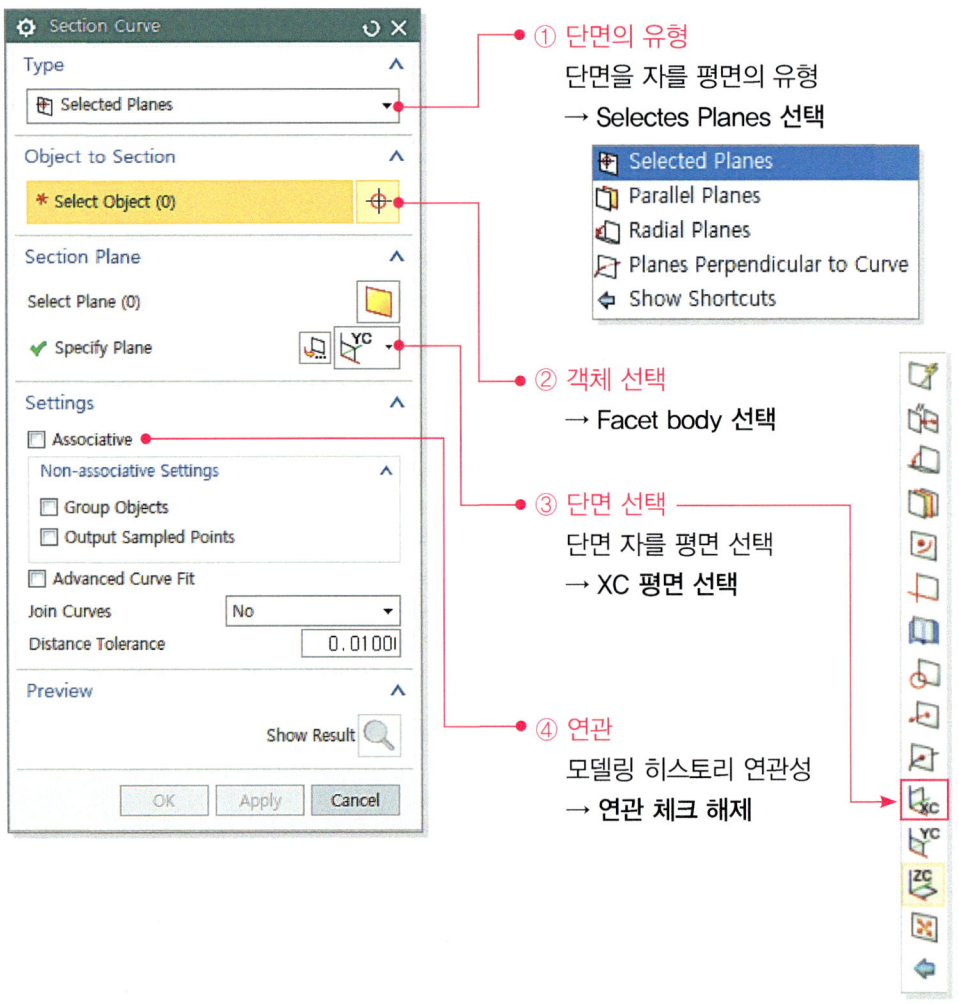

① 단면의 유형
단면을 자를 평면의 유형
→ Selectes Planes 선택

② 객체 선택
→ Facet body 선택

③ 단면 선택
단면 자를 평면 선택
→ XC 평면 선택

④ 연관
모델링 히스토리 연관성
→ 연관 체크 해제

● 스캔 데이터와 관련된 기능들의 옵션 중 Associative(연관) 꼭 체크 해제
역설계 시 연관을 해제하지 않으면 결과가 실행되지 않는 명령어도 있으며, 반복되는 작업이 많고, 피쳐(point, curve 등)를 삭제하는 경우도 많아 잘못 삭제 시 히스토리가 엉키게 된다.

나. 단면 커브 생성

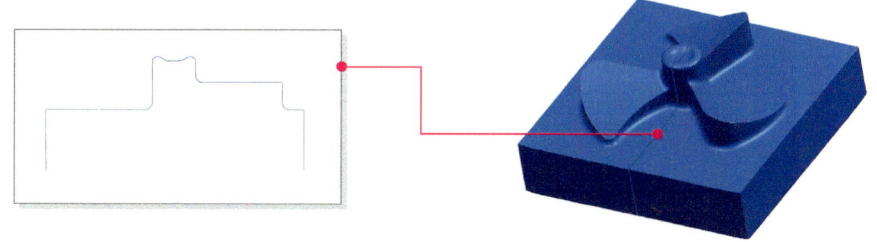

- 단면 커브 – Spline , Polyline
  - Extrude(돌출) 실행 시 쪼개진 면이 생성되어 사용 불가
  - 단면 커브 이용 Curve 또는 Sketch 재 생성

다. Point Set 단면 포인트 생성【 Home 탭 > Feature그룹 > Point set 】실행

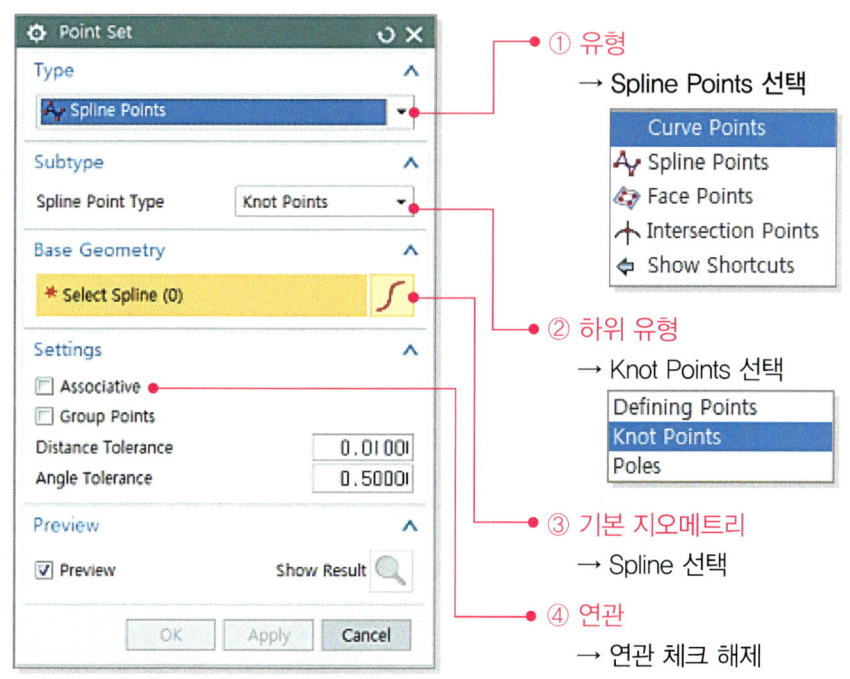

① 유형
→ Spline Points 선택

② 하위 유형
→ Knot Points 선택

③ 기본 지오메트리
→ Spline 선택

④ 연관
→ 연관 체크 해제

- Knot points는 Spline의 양 끝점에 생성된다.
- Spline은 수학적 함수를 이용해 그려지는 곡률을 가진 곡선이며, Control Point와 Knot Point 구성 요소들을 가지고 있다.

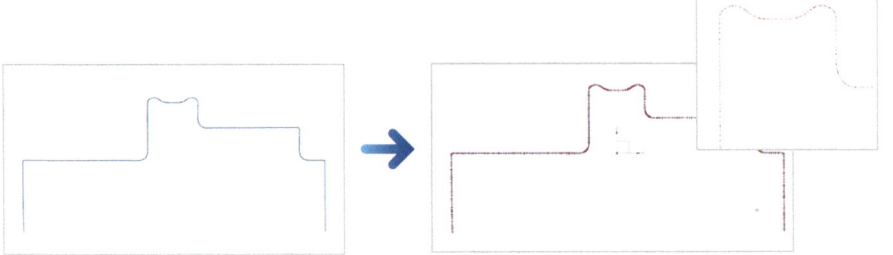

라. 단면 커브(Spline) 삭제

단면 커브(Spline)은 Point를 생성하기 위한 과정이었기에 삭제한다.

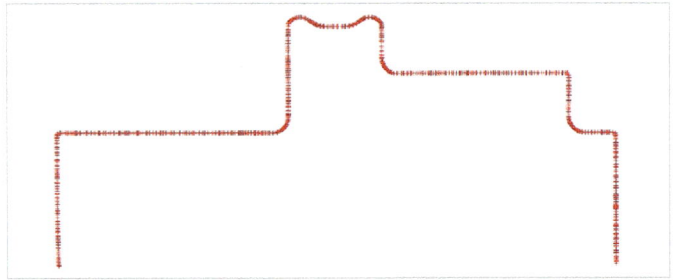

❷ 단면 스케치 하기

가. 【 Curve 탭 > Direct Sketch그룹 > Sketch 】실행

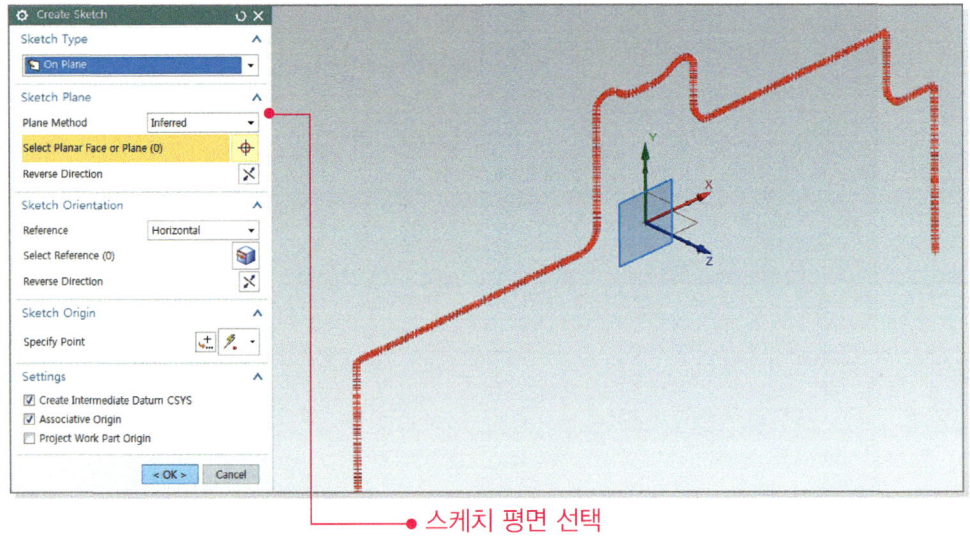

스케치 평면 선택
단면 커브 생성 평면과 같은 평면 선택
→ XY 평면 선택

나. 단면 스케치

Direct Sketch 기능을 단면 커브를 이용하여 원통부 스케치

● 스케치 기본 기능 설명은 생략함. NX에서의 역설계는 기본 NX 기능 숙지 필요 함

㉠ 스케치 시 단면 포인트를 이용하기 위해서 **Existing Point** 스냅을 체크 해 놓고, 그리고 자 하는 단면 커브 위에 마우스 커서를 대면 Point가 잡혀 쉽게 커브를 그릴 수 있다. 하지만 Point가 고정점이기에 치수 구속 조건은 사용 못한다. 치수 구속 조건을 설정하려면 Point 구속 조건 삭제 후 설정 가능하며, 설계적인 치수 기입을 하여 재설계 할 수 있다.

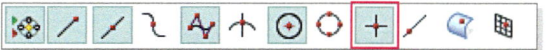

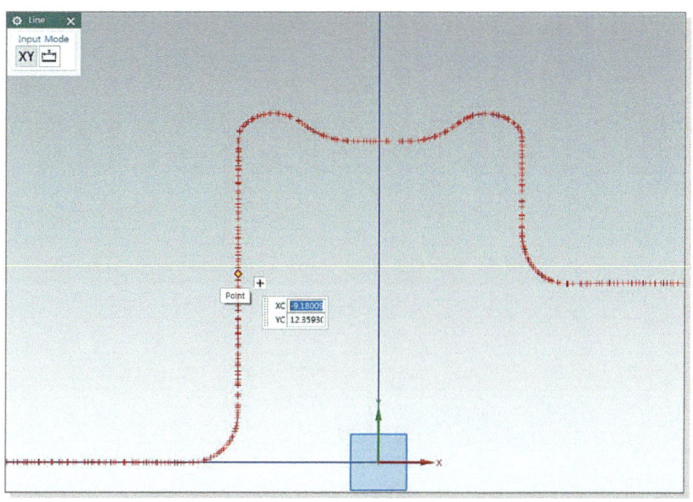

㉡ Direct Sketch의 Line과 Circle(3 point) 기능을 단면 포인트 이용하여 스케치한다.

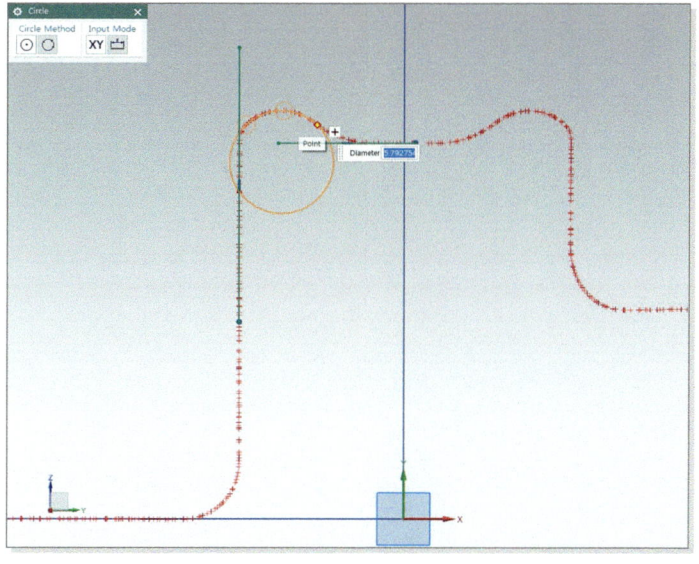

ⓒ Show/Remove Constraints 고정 구속 조건을 삭제한다.

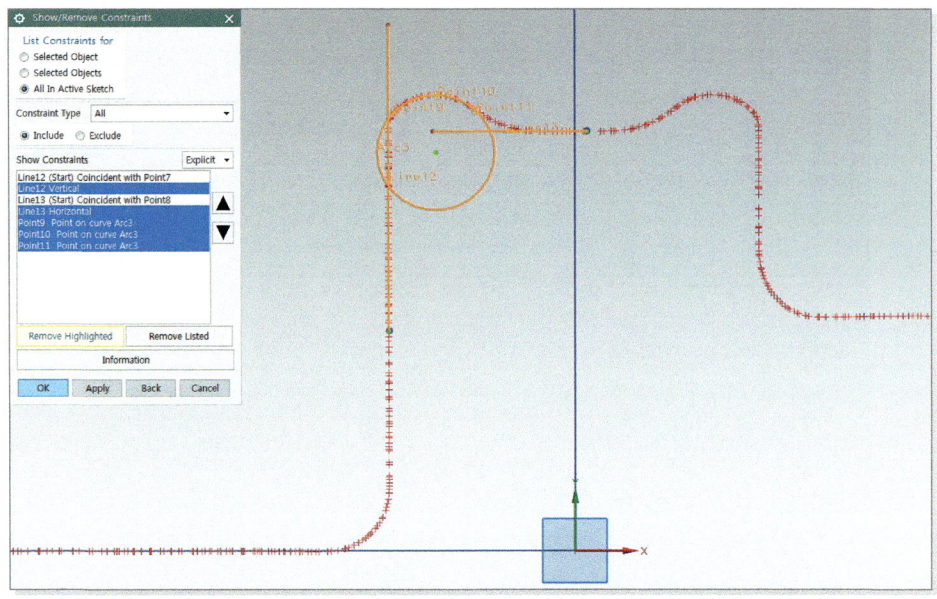

Line과 Circle을 그린 Point 구속 조건을 리스트에서 선택하여 삭제한다.

ⓔ Direct Sketch의 Quick Trim, Quick Extend 기능을 이용하여 스케치한다.

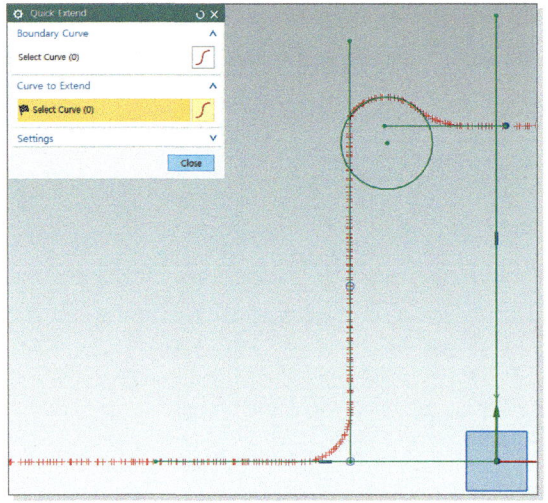
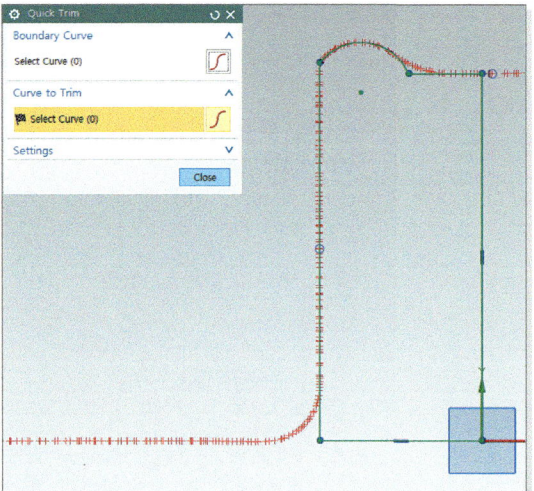

ⓜ Direct Sketch의 Fillet 기능을 사용한다.

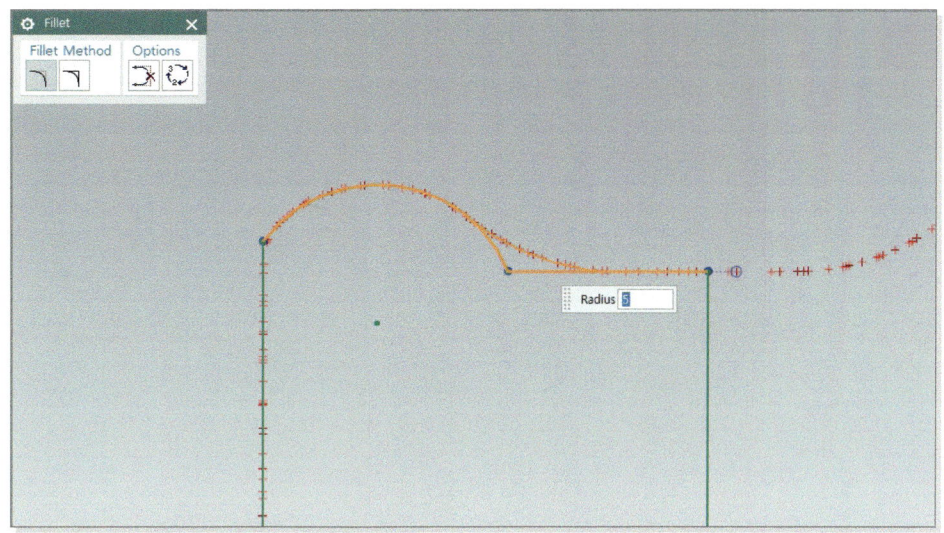

ⓑ Direct Sketch의 Rapid Dimension 기능을 사용하여 치수를 기입한다.

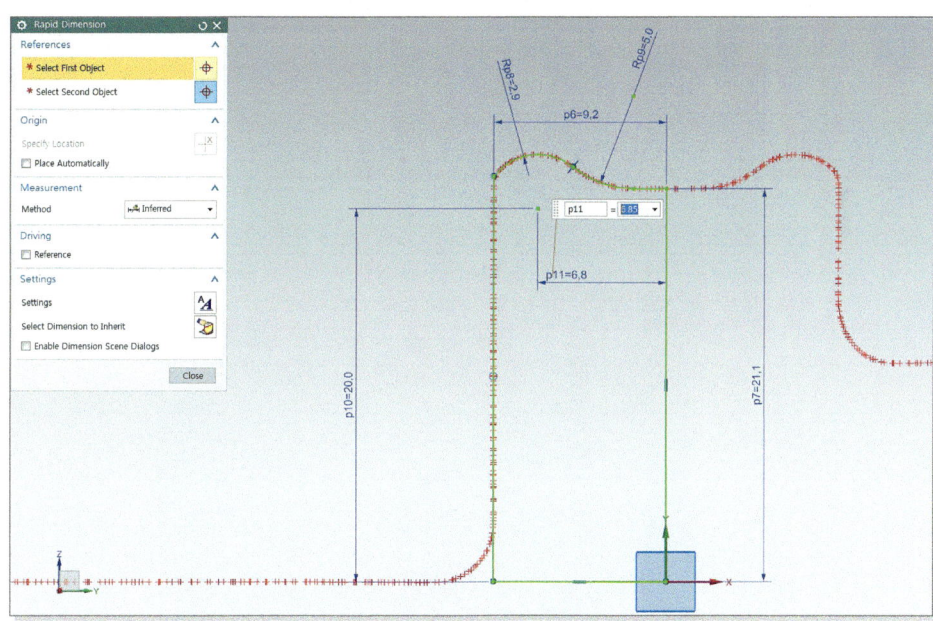

치수 기입 시 치수 값은 설계적인 면을 생각해 정치수 단위로 기입한다.

❸ 회전 모델링

가.【 Home 탭 > Feature그룹 > Revolve 】실행

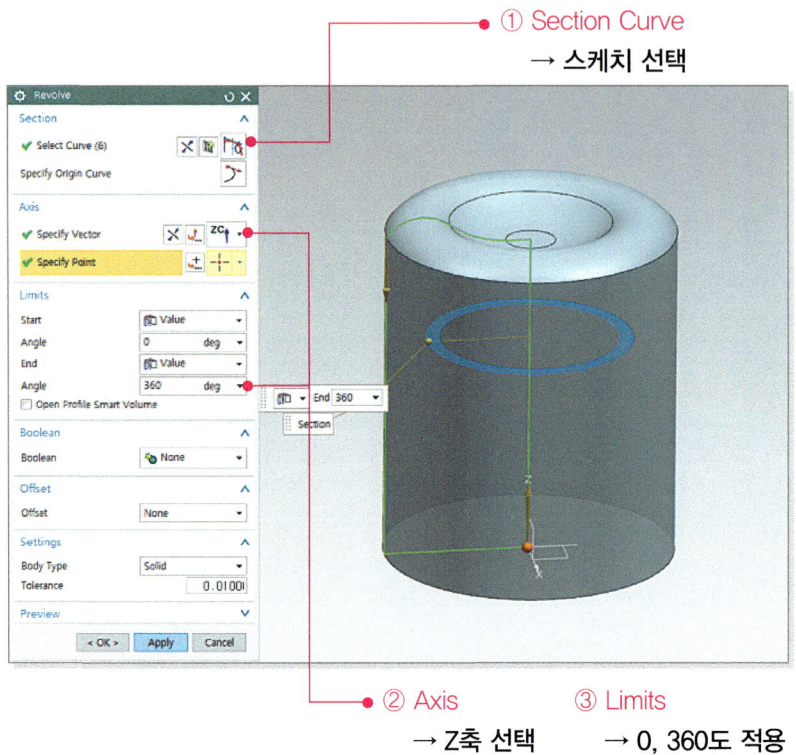

① Section Curve
→ 스케치 선택

② Axis
→ Z축 선택

③ Limits
→ 0, 360도 적용

나. 중심부 모델링 완성

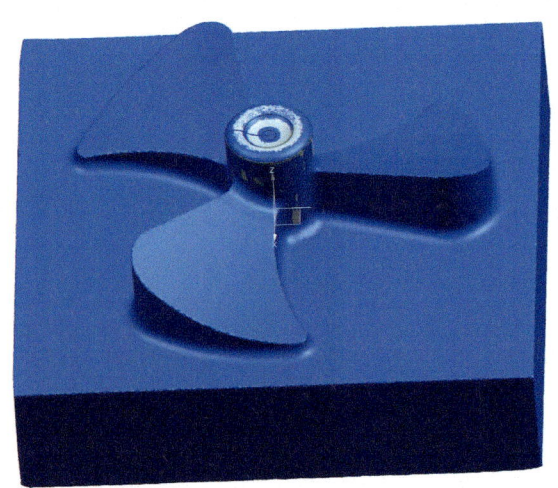

Reverse Engineering
역설계

(4) 날개 측면 모델링

❶ 단면 추출하기

가. Section Curve 【 Curve 탭 > Derived Curve 그룹 > Section Curve 】 실행

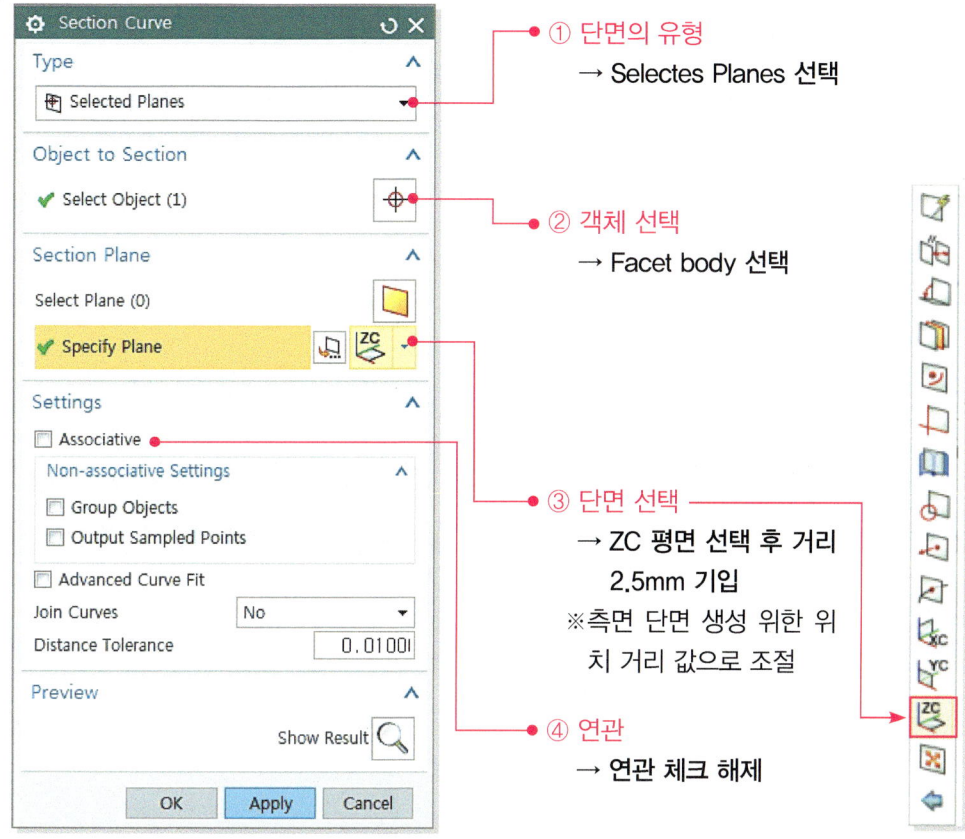

① 단면의 유형
→ Selectes Planes 선택

② 객체 선택
→ Facet body 선택

③ 단면 선택
→ ZC 평면 선택 후 거리 2.5mm 기입
※측면 단면 생성 위한 위치 거리 값으로 조절

④ 연관
→ 연관 체크 해제

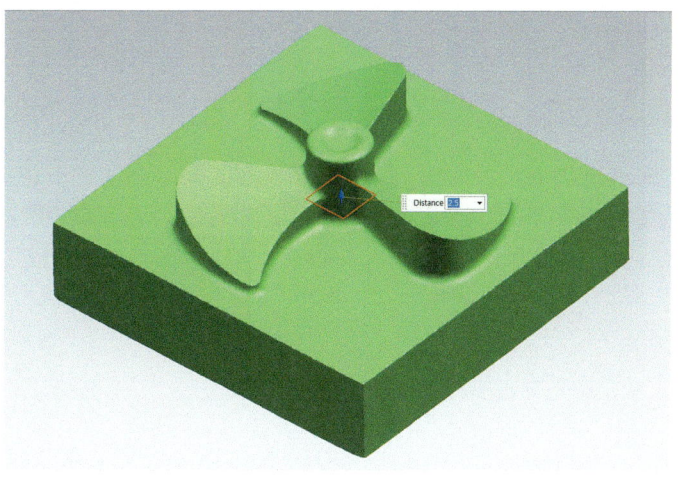

제2장 NX에서 역설계하기 | 51

나. 단면 커브 생성 : Spline 생성

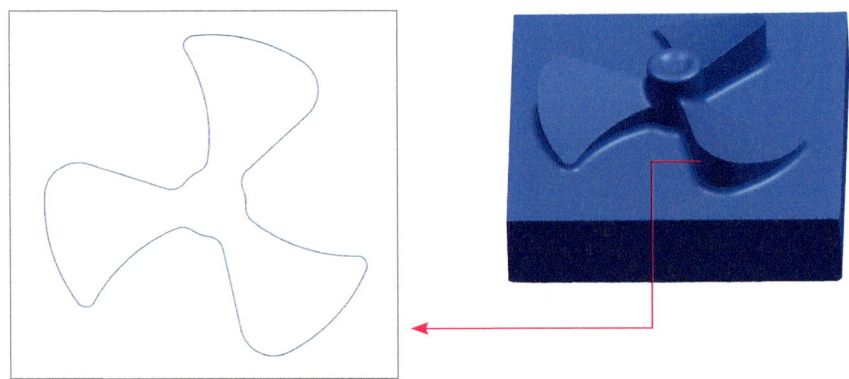

다. 단면 포인트 생성 : Point Set 【 Home 탭 > Feature그룹 > Point set 】실행

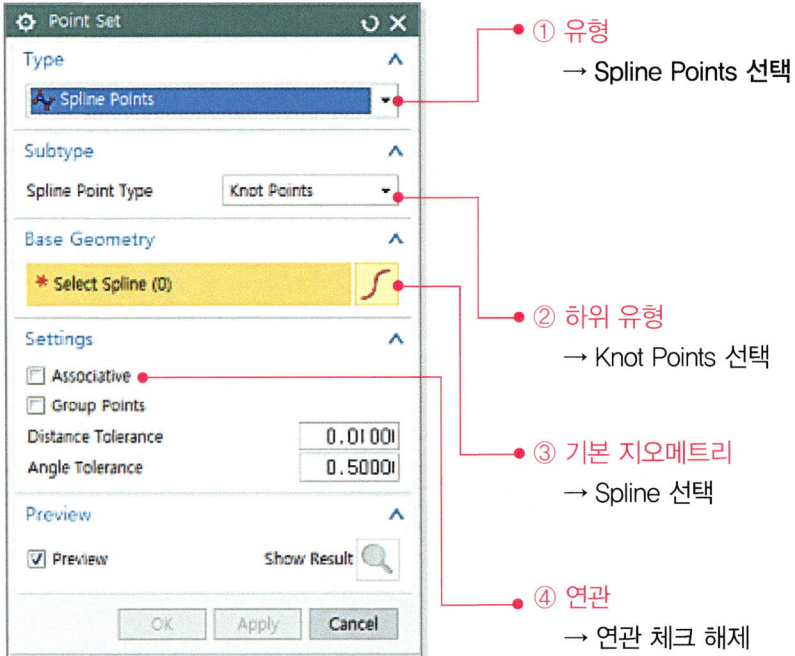

① 유형
→ Spline Points 선택

② 하위 유형
→ Knot Points 선택

③ 기본 지오메트리
→ Spline 선택

④ 연관
→ 연관 체크 해제

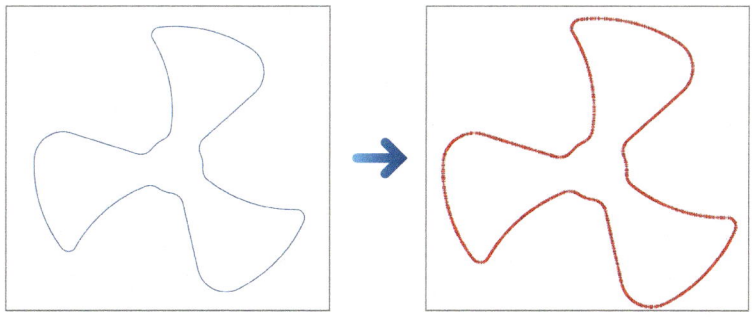

❷ 단면 스케치 하기

가. 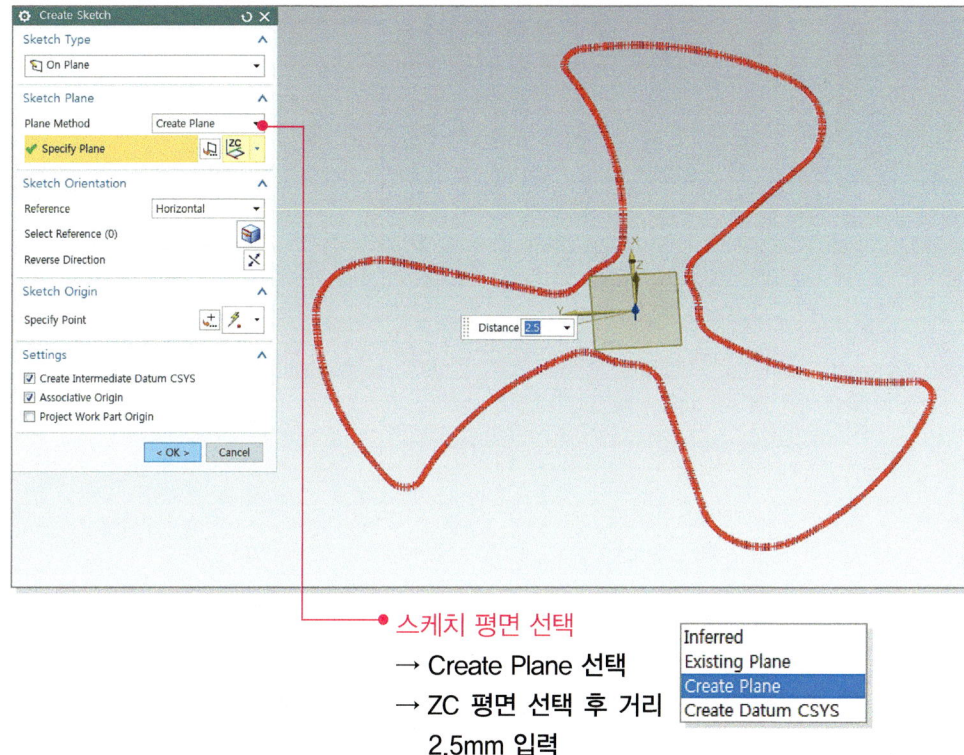 【 Curve 탭 > Direct Sketch그룹 > Sketch 】실행

- 스케치 평면 선택
  → Create Plane 선택
  → ZC 평면 선택 후 거리 2.5mm 입력

단면 커브 추출 생성할 때와 같은 평면과 거리에 스케치 평면 생성해야 함

나. 단면 스케치
- Direct Sketch 기능을 단면 커브를 이용하여 날개 측면 스케치
- 날개 1개의 스케치만 하여 2개의 날개는 회전 패턴으로 완성

㉠ 날개 Line 생성

Fit Curve 【 Curve 탭 > Curve 그룹 > Fit Curve 】 실행

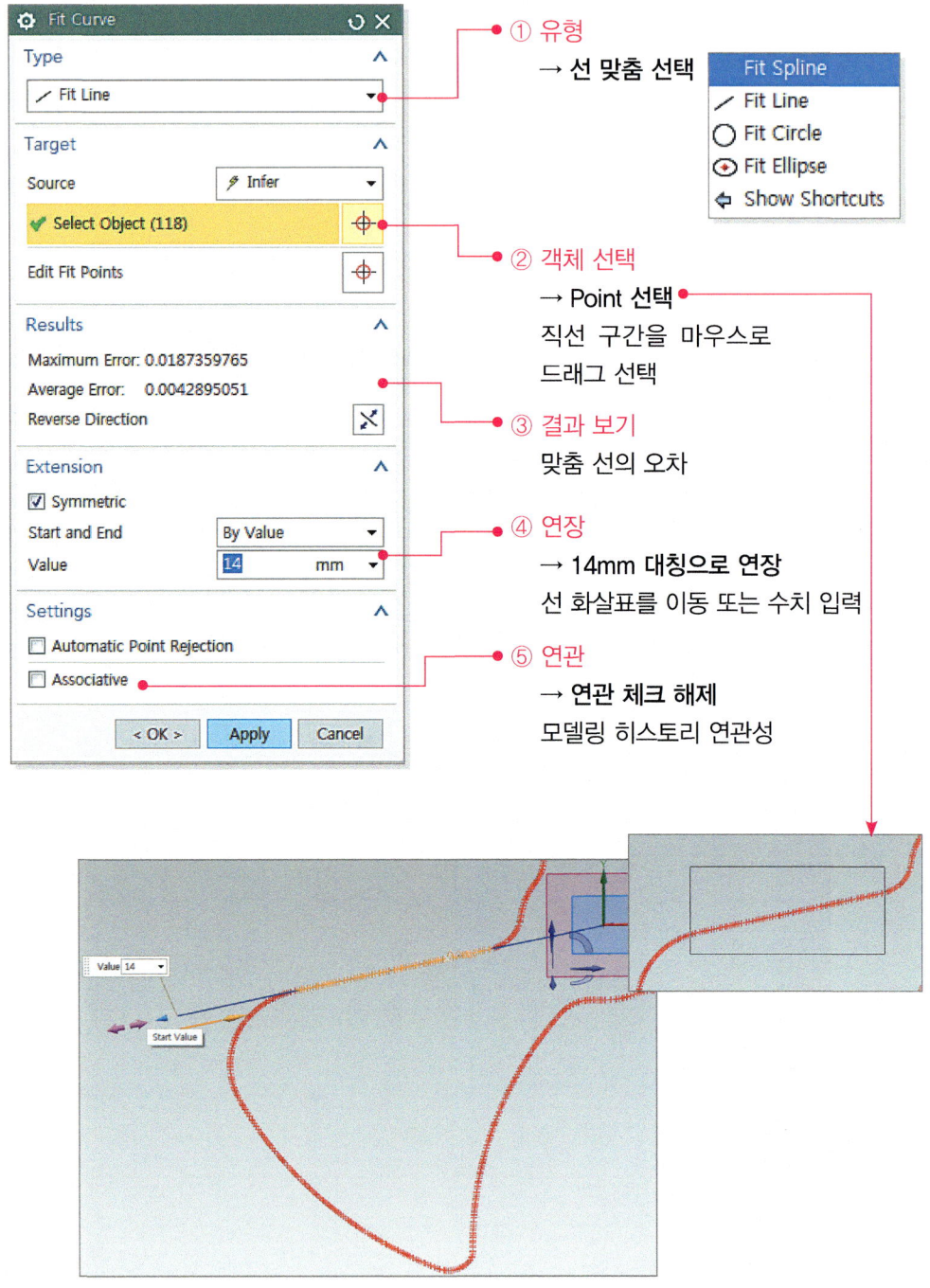

① 유형
→ 선 맞춤 선택

② 객체 선택
→ Point 선택
직선 구간을 마우스로
드래그 선택

③ 결과 보기
맞춤 선의 오차

④ 연장
→ 14mm 대칭으로 연장
선 화살표를 이동 또는 수치 입력

⑤ 연관
→ 연관 체크 해제
모델링 히스토리 연관성

ⓒ 날개 Circle 생성

Fit Curve 【 Curve 탭 > Curve 그룹 > Fit Curve 】 실행

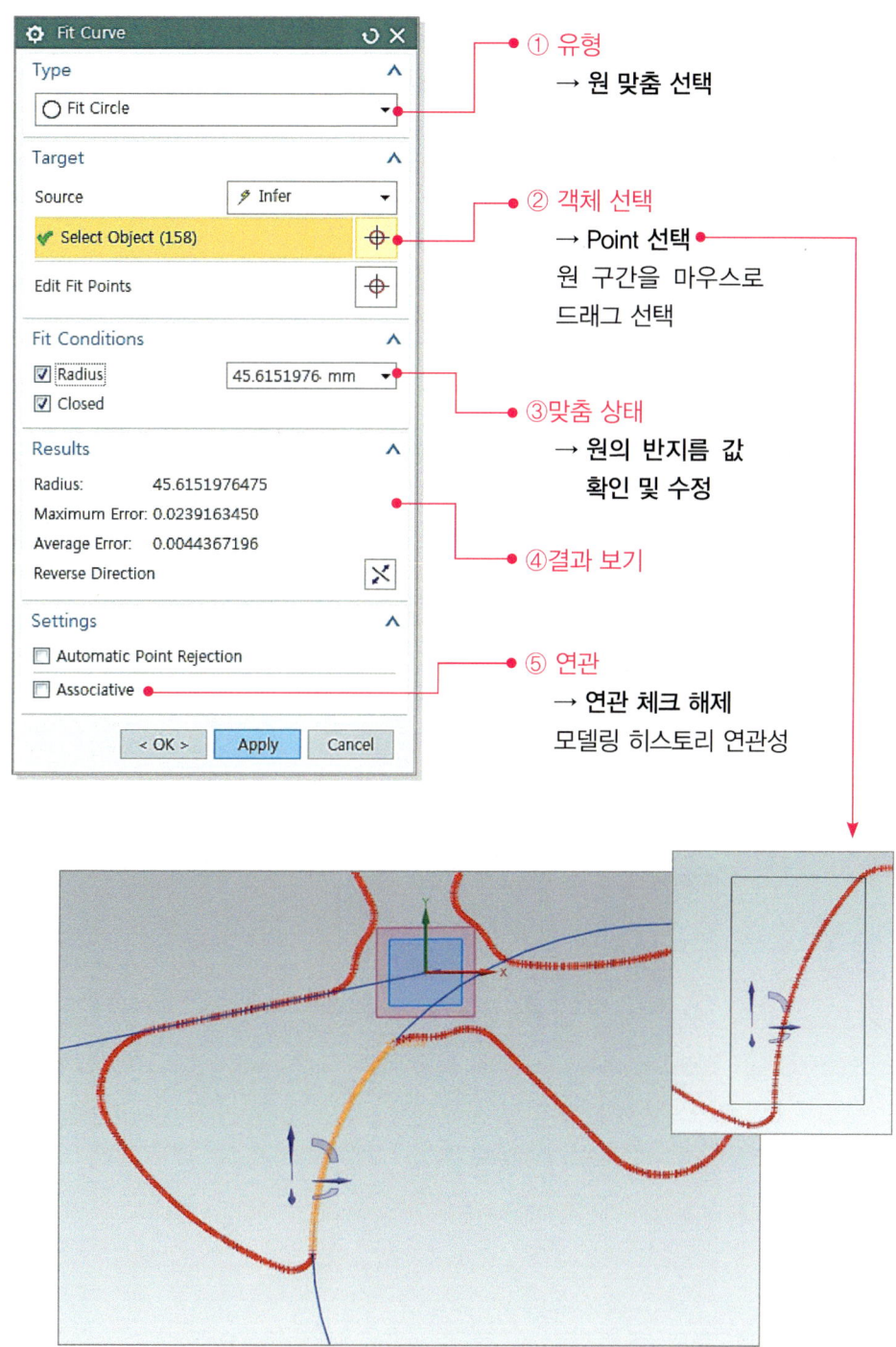

① 유형
→ 원 맞춤 선택

② 객체 선택
→ Point 선택
원 구간을 마우스로 드래그 선택

③ 맞춤 상태
→ 원의 반지름 값 확인 및 수정

④ 결과 보기

⑤ 연관
→ 연관 체크 해제
모델링 히스토리 연관성

제2장 NX에서 역설계하기 | 55

ⓒ 날개 Circle 생성

Fit Curve【 Curve 탭 〉 Curve 그룹 〉 Fit Curve 】 실행

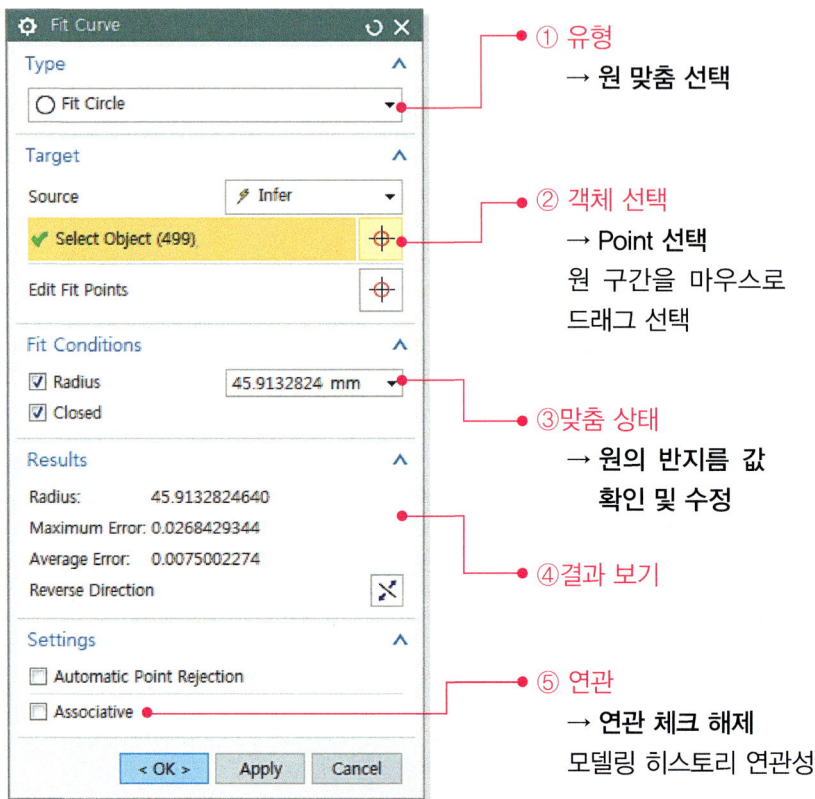

① 유형
→ 원 맞춤 선택

② 객체 선택
→ Point 선택
원 구간을 마우스로 드래그 선택

③ 맞춤 상태
→ 원의 반지름 값 확인 및 수정

④ 결과 보기

⑤ 연관
→ 연관 체크 해제
모델링 히스토리 연관성

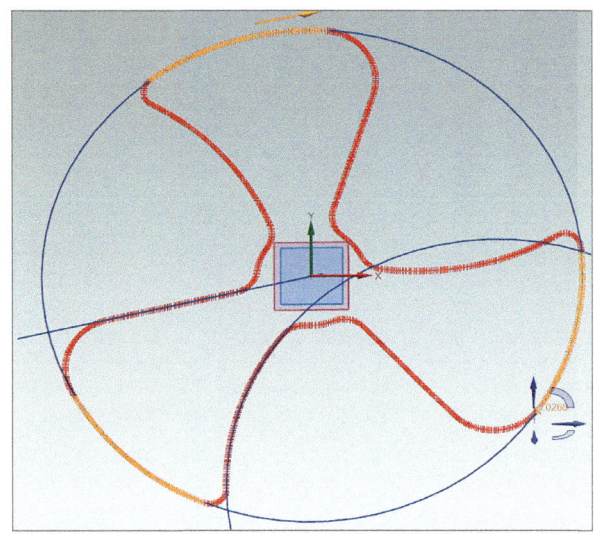

ⓔ 일반 커브 스케치 변환
- 맞춤 커브로 생성된 커브를 스케치 커브로 변환하여 커브 편집, 구속 조건, 치수 기입 등 적용 가능
- Direct Sketch의 기존 곡선 추가 기능 실행

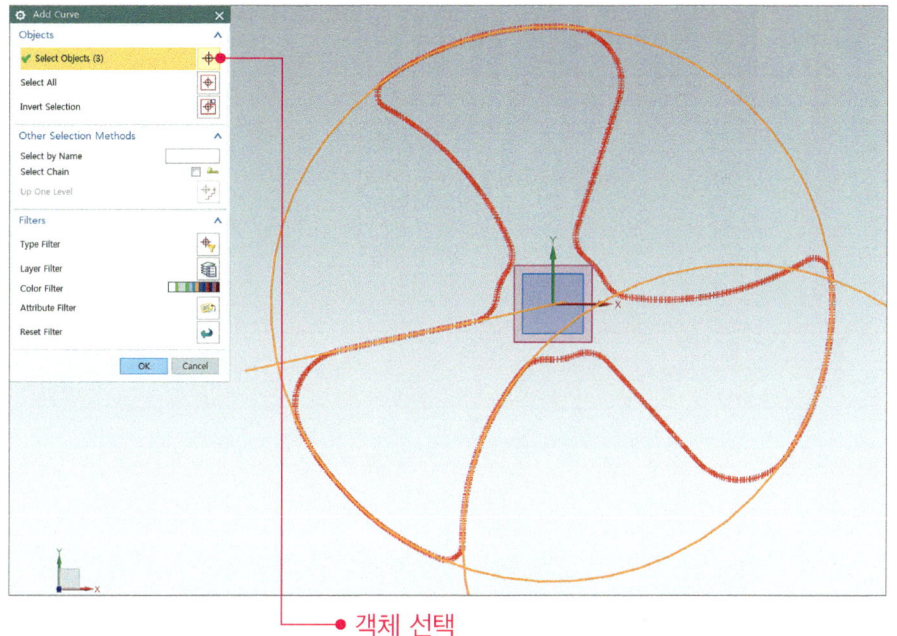

→ 맞춤 커브 선택
완료 후 커브 색상 변경됨(파란색 → 녹색)

ⓕ Direct Sketch의 Quick Trim, Quick Extend 기능 이용하여 스케치

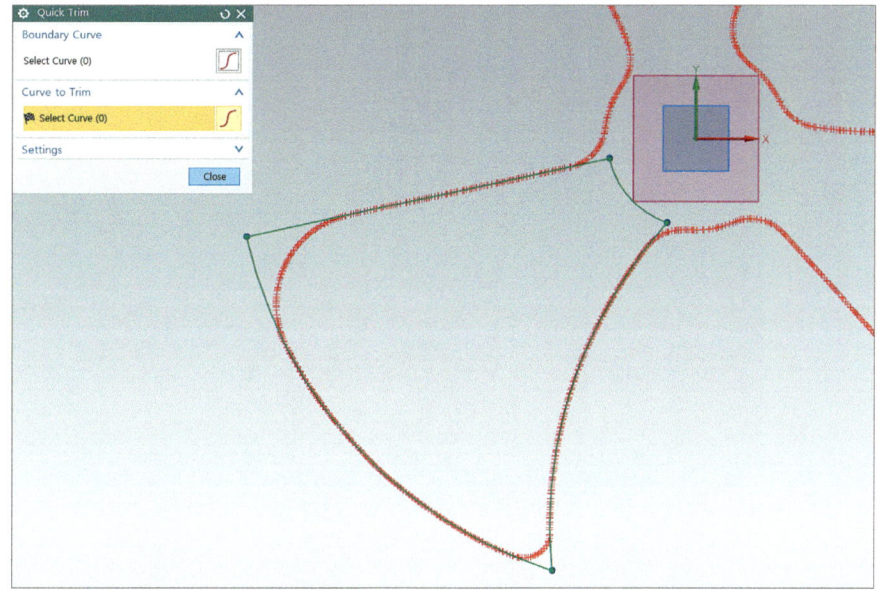

ⓑ Direct Sketch의 Fillet 기능 사용

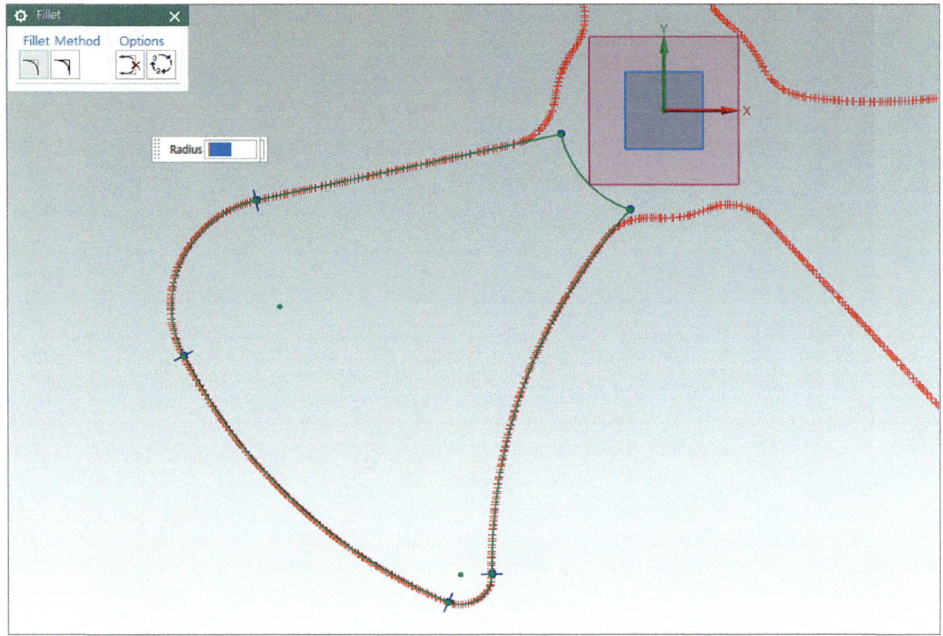

ⓐ Direct Sketch의 Rapid Dimension 기능 사용하여 치수 기입

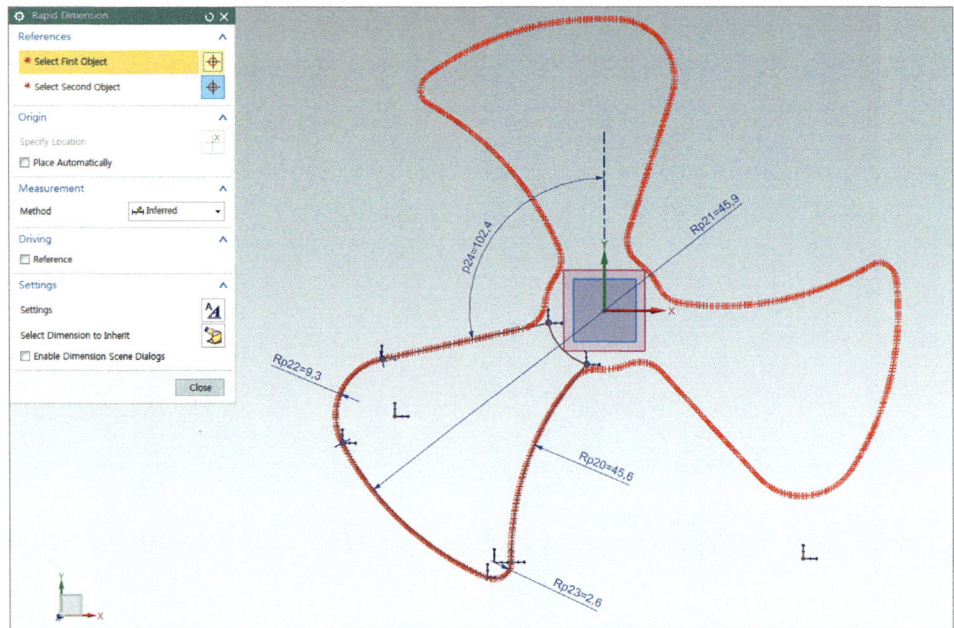

❸ 돌출 모델링

가.【 Home 탭 > Feature그룹 > Extrude 】실행

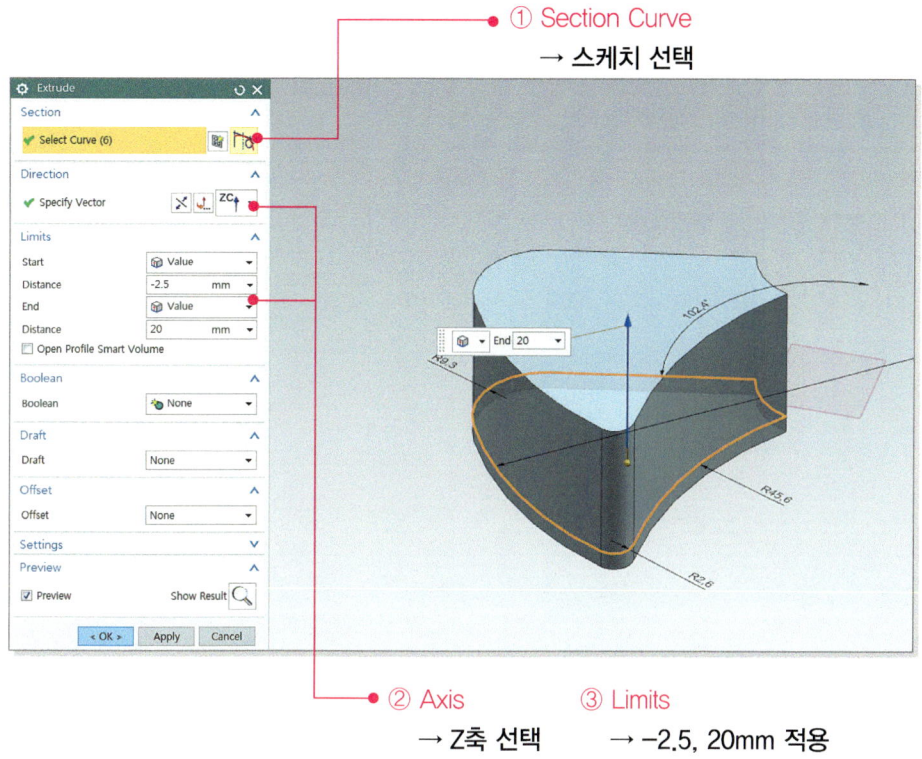

① Section Curve
→ 스케치 선택

② Axis
→ Z축 선택

③ Limits
→ -2.5, 20mm 적용

나. 날개 모델링 완성

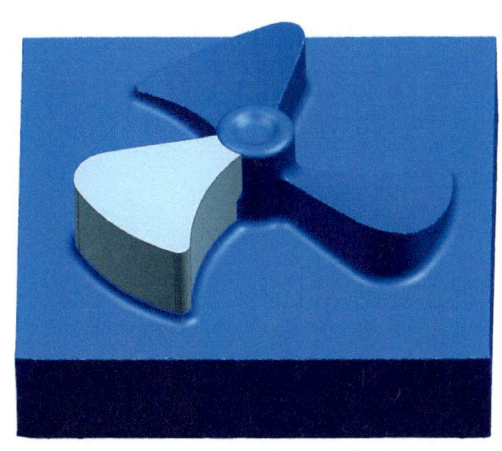

(5) 날개 상면 모델링

❶ 스캔 데이터 영역 구분하기

스캔데이터(STL 파일)의 곡률 상태를 계산하여 영역을 색깔로 구분한다.

🔹 Facet Body Curvature

【 Reverse Engineering 탭 > Analysis 그룹 > Facet Body Curvature 】실행

① Facet Body 선택

② 임계 반경
오목, 볼록 값을 스크롤로 조절
또는 값 입력
※ 입력 값은 정수치가 아니며,
 조절하면서 수치 정함

③ 부드러움
구분한 색상의 부드러움 표현

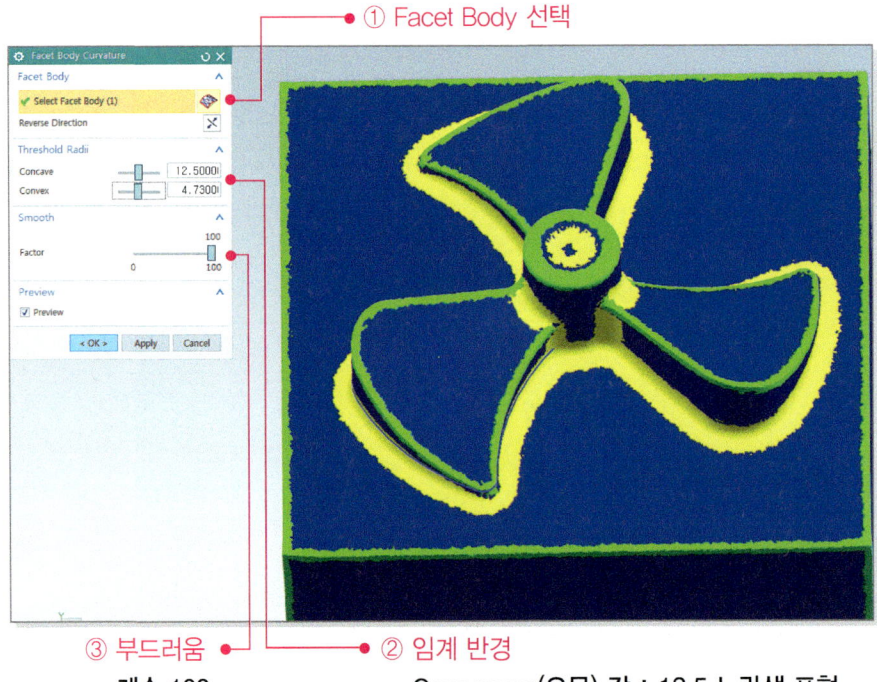

① Facet Body 선택

③ 부드러움
→ 계수 100

② 임계 반경
→ Conccavce(오목) 값 : 12.5 노란색 표현
 Convex(볼록) 값 : 4.73 녹색 표현
※ 값은 정해진 값이 없어, 스캔데이터마다 다른 값을 가진다.

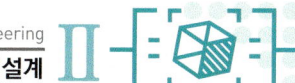

❷ 날개 상면 만들기

Fit Surface

【 Reverse Engineering 탭 > Construction 그룹 > Fit surface 】실행

: 지정된 데이터 점 또는 파셋 바디에 맞춰 자유 형상곡면, 평면, 구, 원통 또는 원뿔을 생성하는 기능

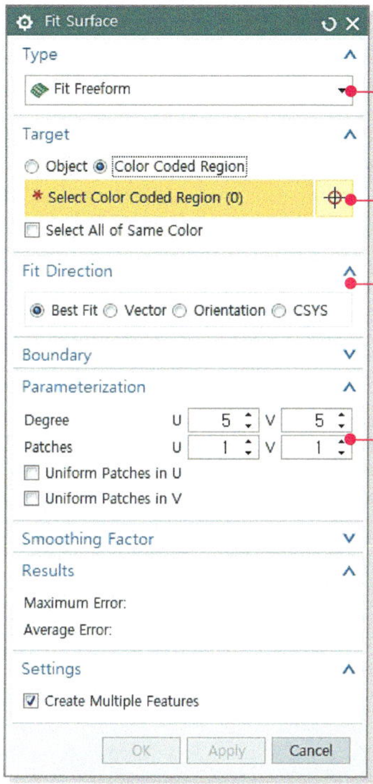

① 맞춤 유형
자유 형상곡면, 평면, 구, 원통, 원뿔 선택

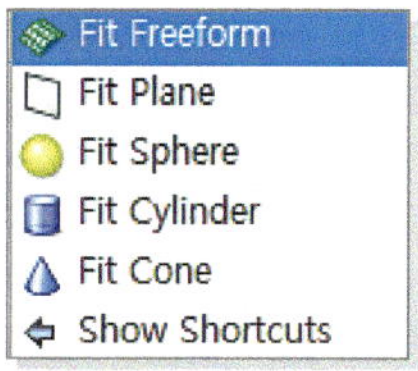

② 선택 타깃
구분된 색상 영역 선택

③ 맞춤 방향
구분된 색상 영역 선택

④ 매개 변수
자유곡면의 치수와 패치 결정

① 맞춤 유형
→ **자유 형상 곡면 선택**

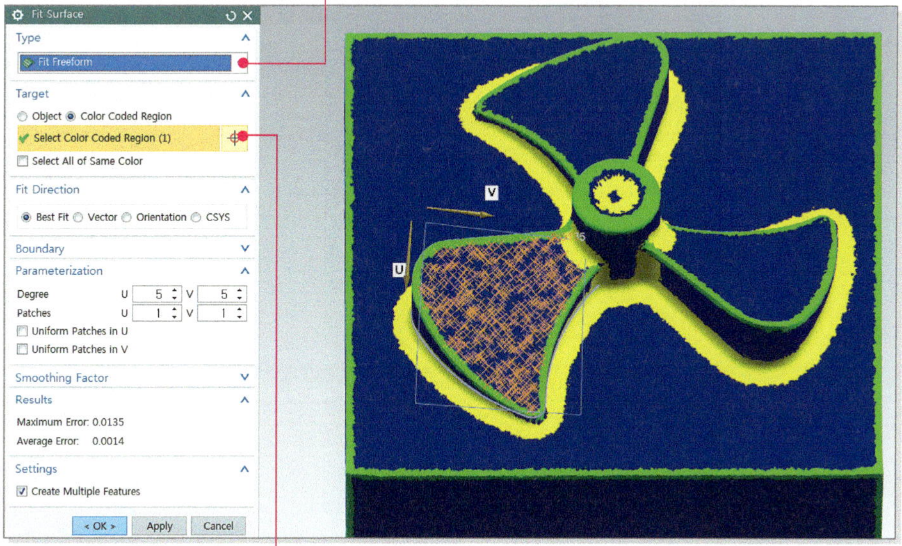

② 선택 타깃
→ **구분된 영역 중 날개 상면 선택**
영역 안에 있는 스캔 데이터를 맞추어 곡면 생성

❸ 날개 상면 늘리기

맞춤 자유 곡면으로 만들어진 곡면으로 측면 모델링을 자르기 위해 면을 늘림

【 Surface 탭 > Edit Surface 그룹 > Enlarge 】실행

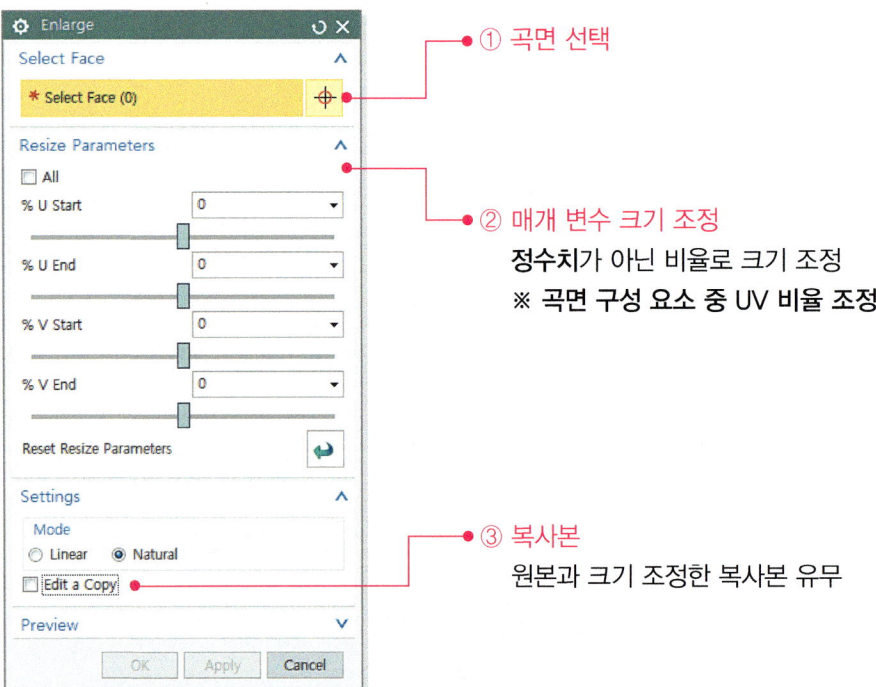

① 곡면 선택

② 매개 변수 크기 조정
정수치가 아닌 비율로 크기 조정
※ 곡면 구성 요소 중 UV 비율 조정

③ 복사본
원본과 크기 조정한 복사본 유무

① 곡면 선택

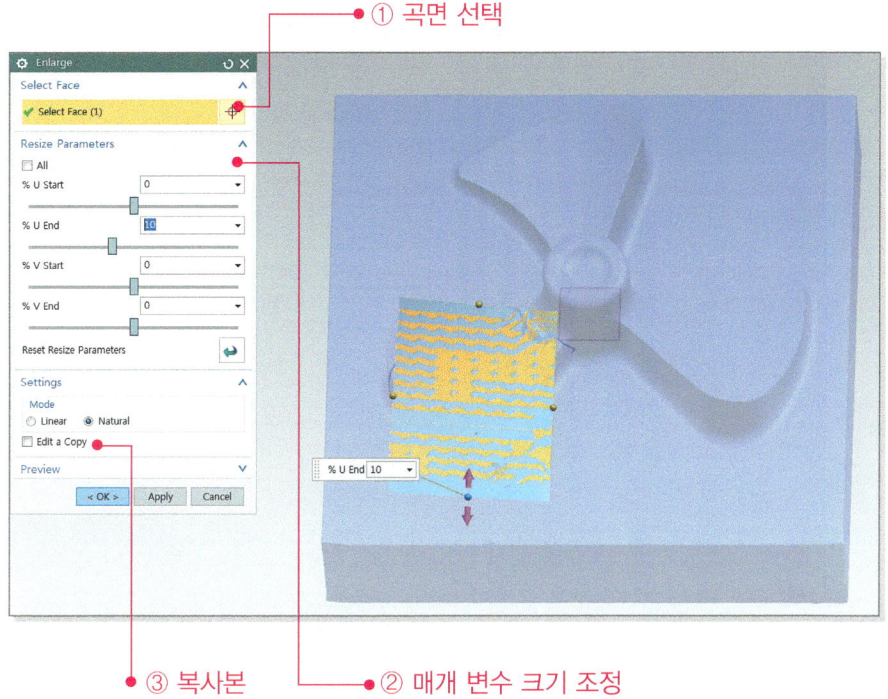

③ 복사본 ② 매개 변수 크기 조정
→ 체크 해제 → 선택한 면에 생성되는 구형상을 이동하면 크기 조정됨
  → 수치를 입력해도 크기 조정됨
  → 날개 측면보다 크게 조정하며, 많이 늘리면 면이 꼬일 수 있다.

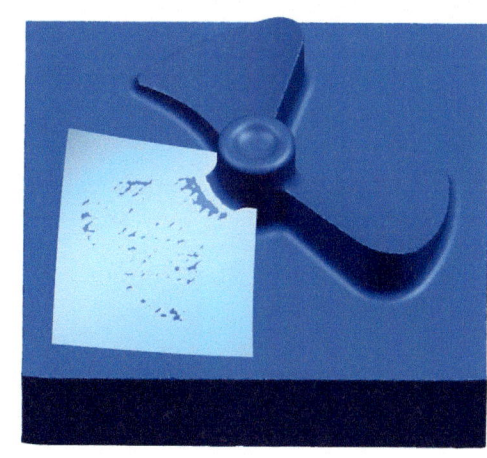

❹ 날개 상면 미세 수정

곡면의 컨트롤 포인트와 폴을 이용하여 곡면 수정하여 스캔데이터에 맞춤

가. 【 Surface 탭 > Edit Surface 그룹 > X-form】실행

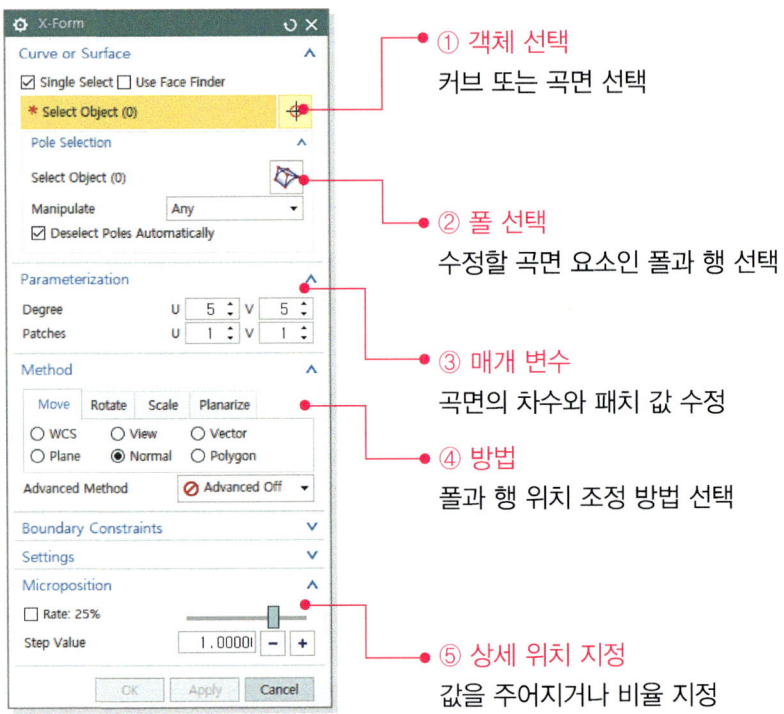

① 객체 선택
커브 또는 곡면 선택

② 폴 선택
수정할 곡면 요소인 폴과 행 선택

③ 매개 변수
곡면의 차수와 패치 값 수정

④ 방법
폴과 행 위치 조정 방법 선택

⑤ 상세 위치 지정
값을 주어지거나 비율 지정

나. 곡면 구성 요소

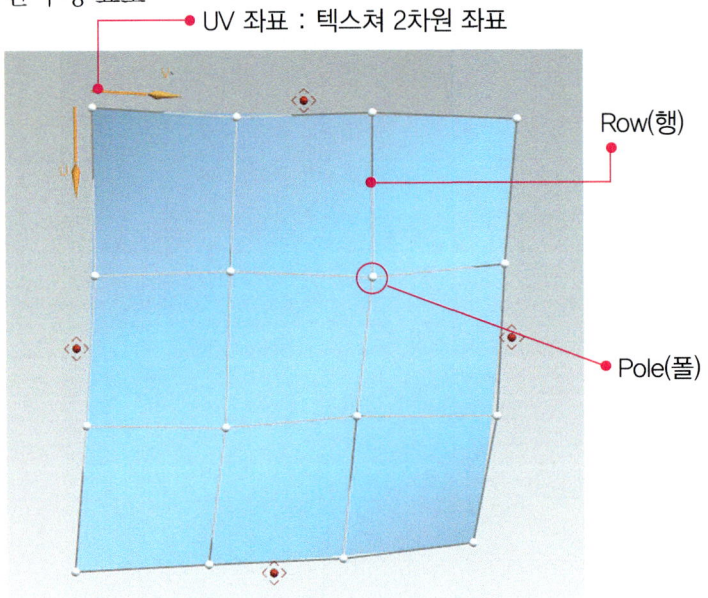

UV 좌표 : 텍스쳐 2차원 좌표
Row(행)
Pole(폴)

㉠ Degree(차수)와 Patches(패치) 매개변수 값에 따라 Pole(폴)과 Row(행) 수 변동
㉡ Pole(폴)과 Row(행)의 위치를 마우스로 이동하여 곡면의 곡률 변경함

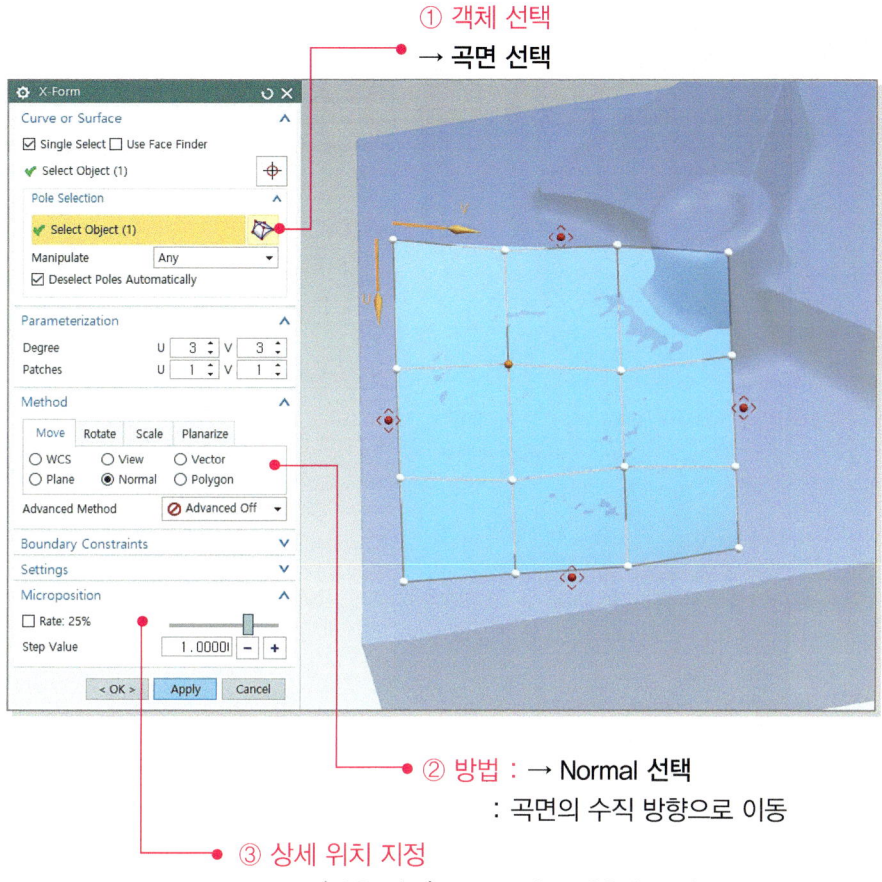

① 객체 선택
→ 곡면 선택

② 방법 : → Normal 선택
: 곡면의 수직 방향으로 이동

③ 상세 위치 지정
→ Rate(비율 체크), 스크롤바로 비율량 조절

나. 곡면 수정

㉠ 마우스 커서를 곡면의 Pole(폴)이나 Row(행) 위치에 놓고 마우스를 움직이면 폴과 행이 따라 움직이며 곡면이 변경된다. 이때 움직이는 양이 많을 경우에는 상세 위치 지정(③)의 Rate를 체크 후 비율을 스크롤로 조절해주면 같은 마우스의 움직임이라도 폴과 행의 움직임이 비율에 따라서 미세하게 움직이게 된다.
㉡ 곡면의 곡률을 조절하여 스캔 데이터와의 오차를 작게 하고 부드러운 곡면을 만들 수 있다.
㉢ 특히 자유곡면이 많은 디자인 제품, 자동차 등에서 많이 사용한다.

❺ 날개 상면 오차 분석

곡면과 스캔데이터의 오차를 분석한다.

가. 【 Reverse Engineering 탭 > Analysis 그룹 > Deviation Gauge 】실행

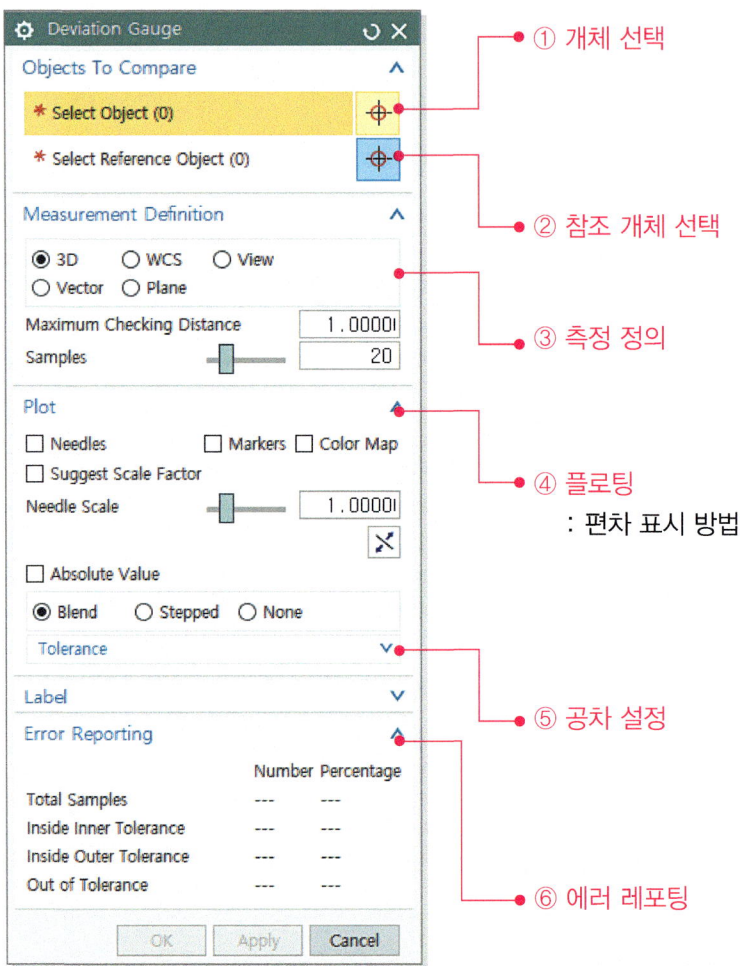

① 개체 선택
② 참조 개체 선택
③ 측정 정의
④ 플로팅
　: 편차 표시 방법
⑤ 공차 설정
⑥ 에러 레포팅

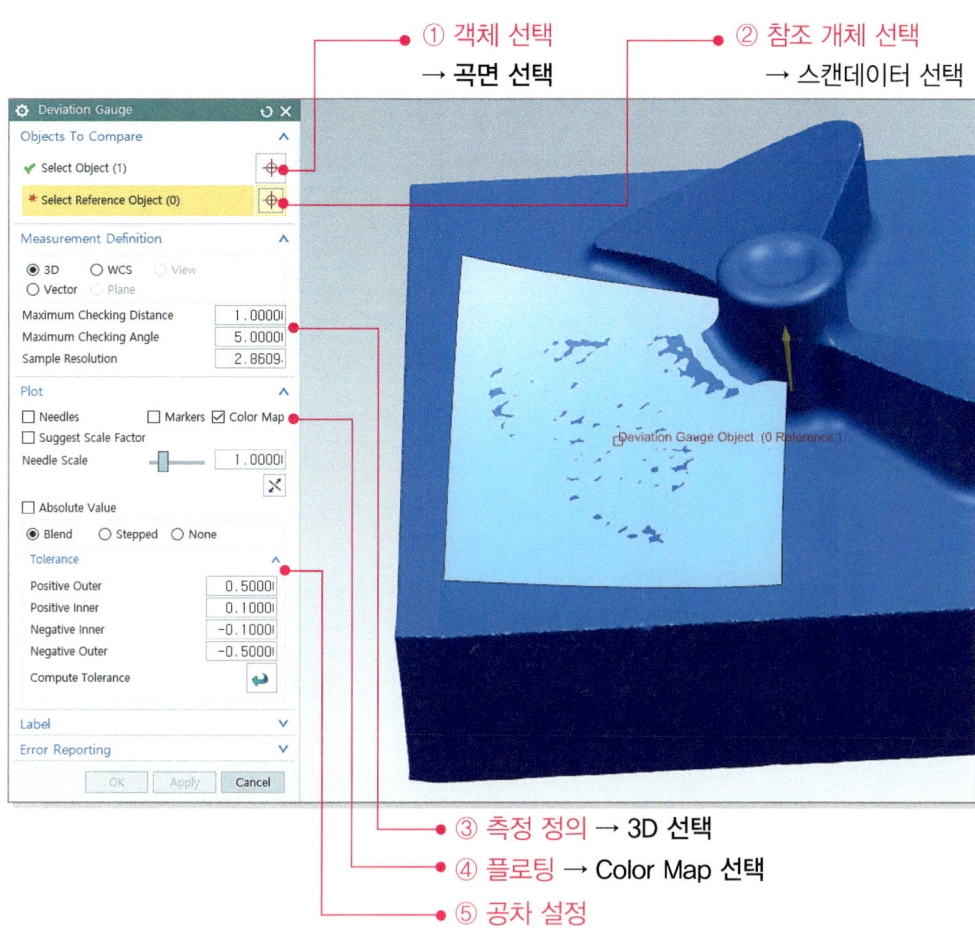

① 객체 선택 → 곡면 선택

② 참조 개체 선택 → 스캔데이터 선택

③ 측정 정의 → 3D 선택

④ 플로팅 → Color Map 선택

⑤ 공차 설정

→ **공차 수치 입력** 양의 외·내부 : 0.1 ~ 0.5
음의 외·내부 : -0.1 ~ -0.5

※ 공차 값은 정해진 것은 없으며, 더 미세한 차이를 보려면 내부 수치를 줄이면 된다.

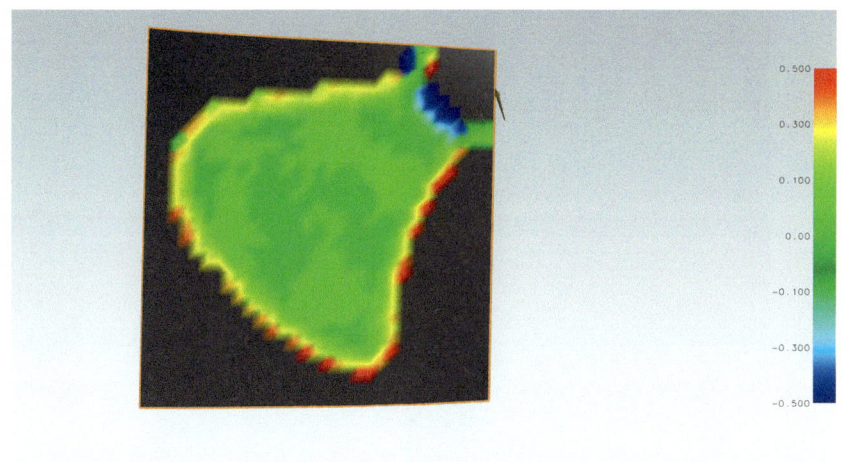

● 편차 측정 결과

스캔데이터를 기준으로 날개 상면 곡면 데이터를 비교한 결과이며, 대부분 녹색 범위(±0.1) 안에 들어오는 것을 확인할 수 있다. 곡면이 잘 생성되었는지 확인할 수 있고, 오차가 크면 곡면을 수정하거나 다시 생성해야 한다.

역설계에서는 모든 모델링 작업 중 편차 측정 과정이 꼭 필요하다.

(6) 날개 모델링 완성하기

날개 측면 솔리드 바디를 윗면 곡면 데이터를 이용해 잘라 모델링 완성

❶ 바디 자르기

Trim Body 【 Home 탭 > Feature그룹 > Body Trim 】 실행

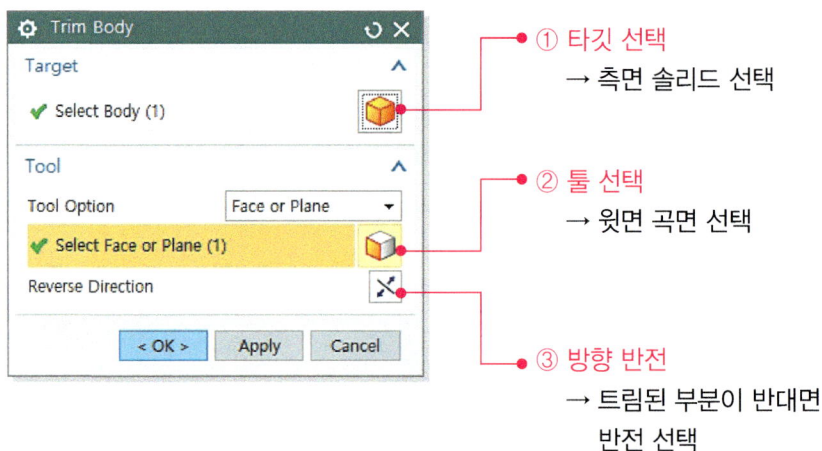

① 타깃 선택
→ 측면 솔리드 선택

② 툴 선택
→ 윗면 곡면 선택

③ 방향 반전
→ 트림된 부분이 반대면 반전 선택

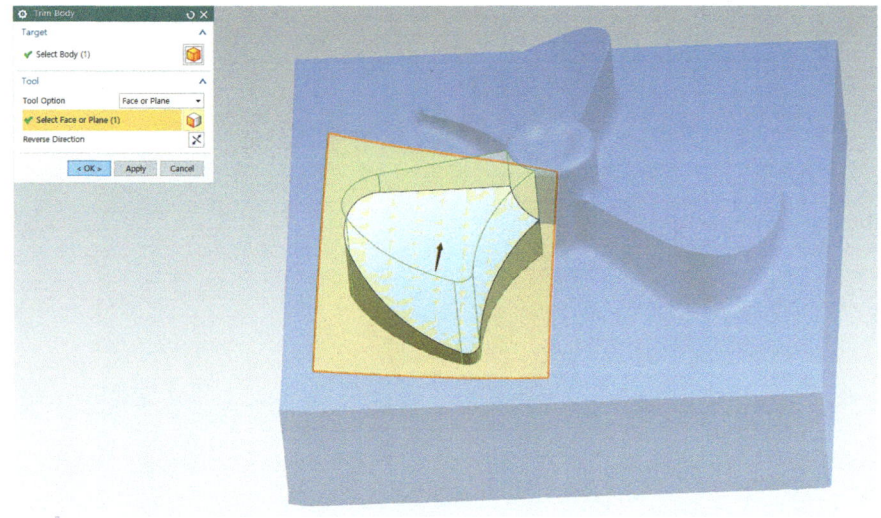

❷ 바디 패턴

Pattern Geometry

【 Home 탭 > Feature 그룹 > More > Associative copy > Pattern Geometry 】
실행

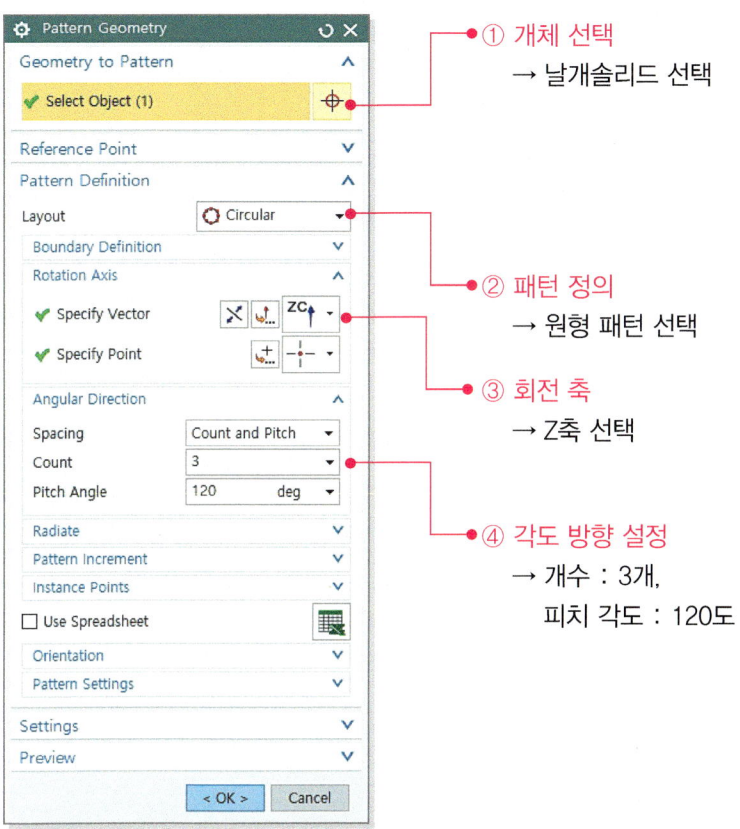

① 개체 선택
→ 날개솔리드 선택

② 패턴 정의
→ 원형 패턴 선택

③ 회전 축
→ Z축 선택

④ 각도 방향 설정
→ 개수 : 3개,
  피치 각도 : 120도

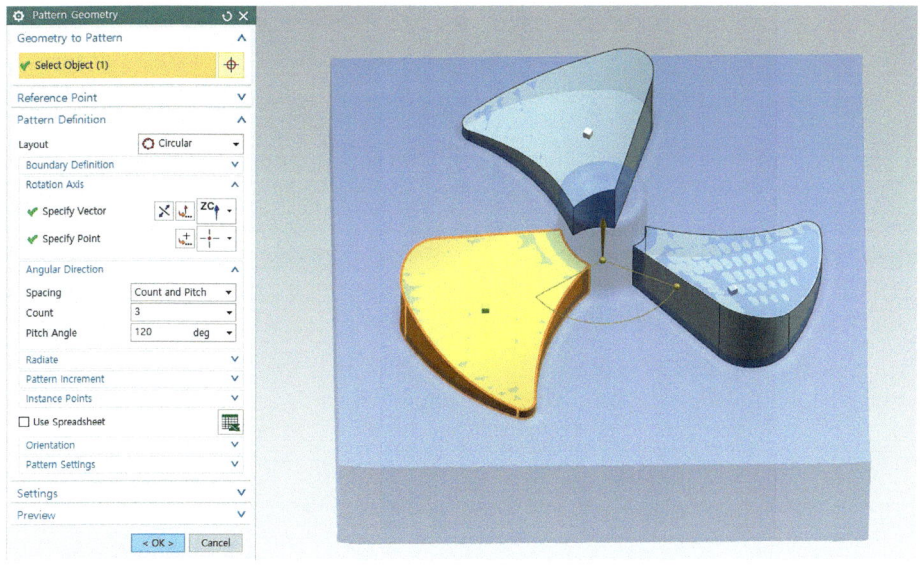

❸ 날개 모델링 완성

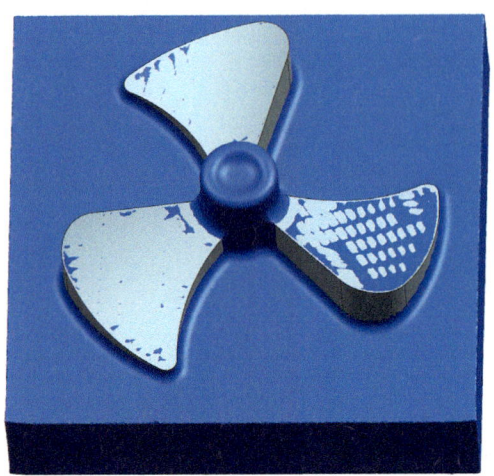

(7) 블록 모델링 하기

❶ 스케치하기

가. 【 Curve 탭 > Direct Sketch그룹 > Sketch 】실행

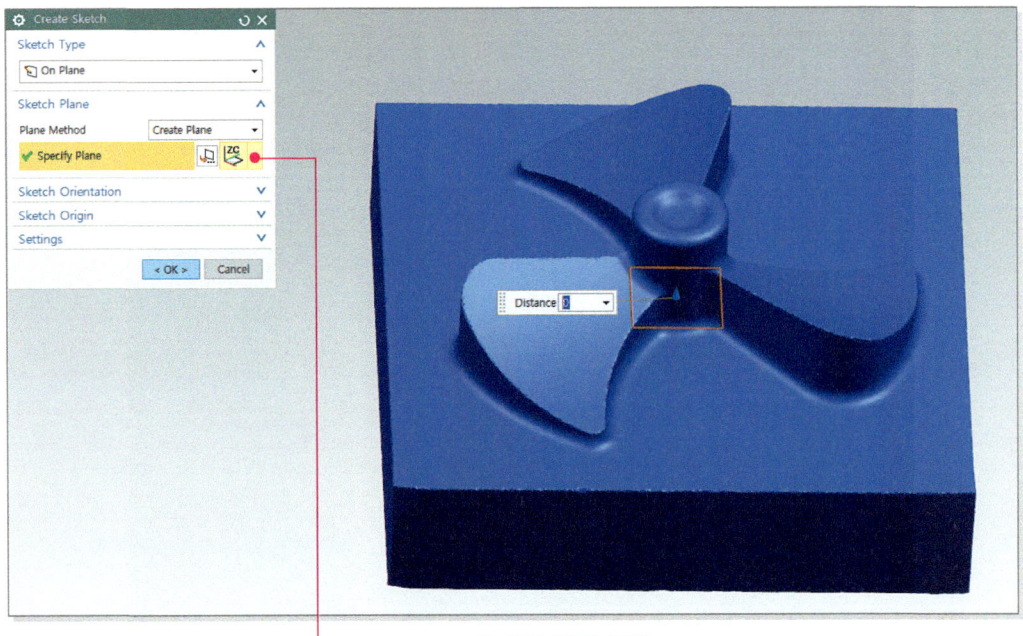

● 스케치 평면 선택
→ Create Plane 선택
→ ZC 평면 선택

나. ☐ Direct Sketch의 Rectangle 기능을 이용하여 스케치

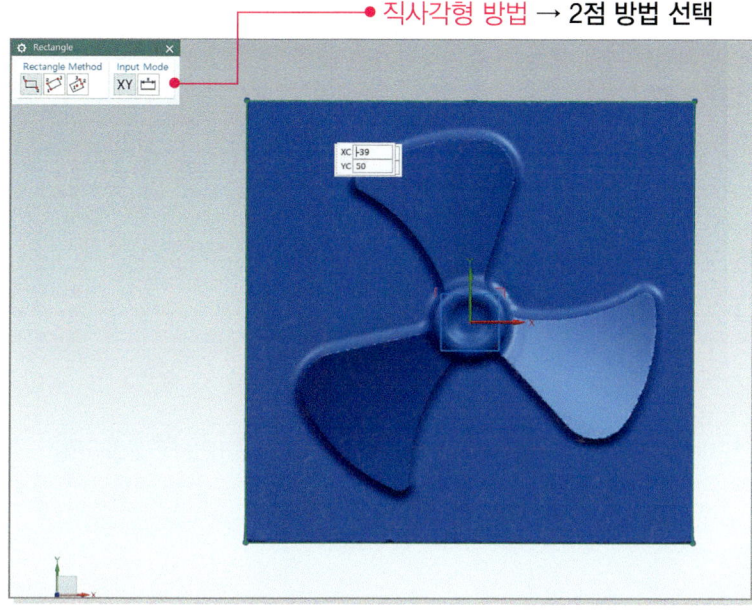

㉠ 스캔데이터를 밑그림으로 생각하고 사각형 그린 후 치수 구속 조건 기입
㉡ 1점은 스캔데이터의 왼쪽 상단 모서리 찍고 드래그 후, 2점은 우측 하단 모서리를 찍는다. 스캔데이터는 밑 그림이 되어 점 위치를 정할 수 있으며, 실제로 스캔데이터에는 점이 찍히지는 않는다.

다. Direct Sketch의 Rapid Dimension 기능 사용하여 치수 기입

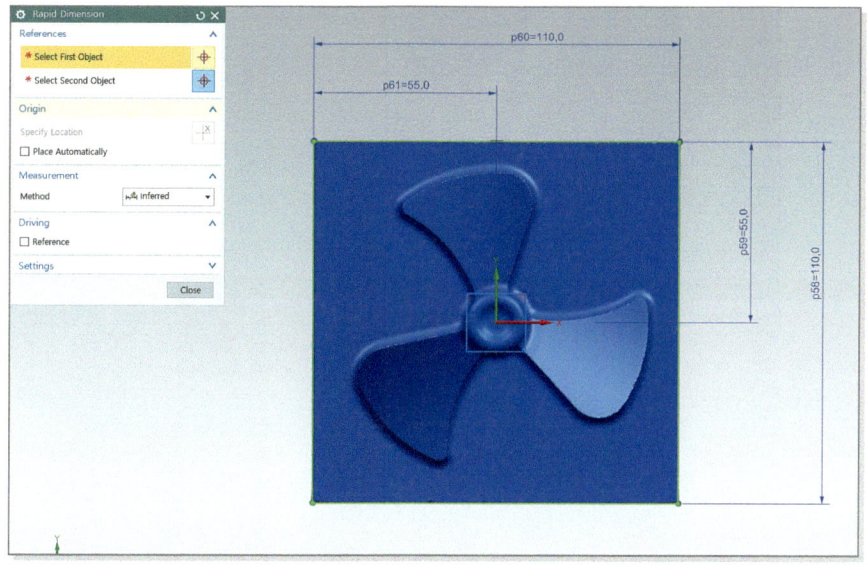

제2장 NX에서 역설계하기 | 71

라.【 Home 탭 > Feature그룹 > Extrude 】실행

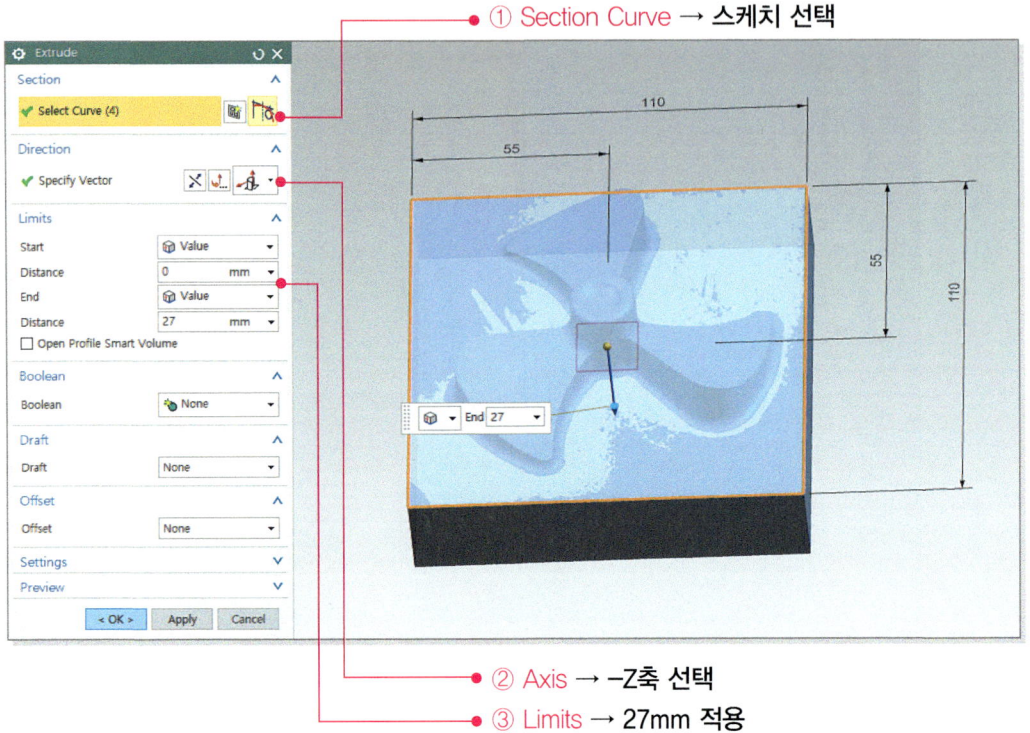

① Section Curve → 스케치 선택
② Axis → -Z축 선택
③ Limits → 27mm 적용

마. 블록 완성

Reverse Engineering
역설계

(8) 모델링 합치기

❶ 각각의 부분 모델링 합치기

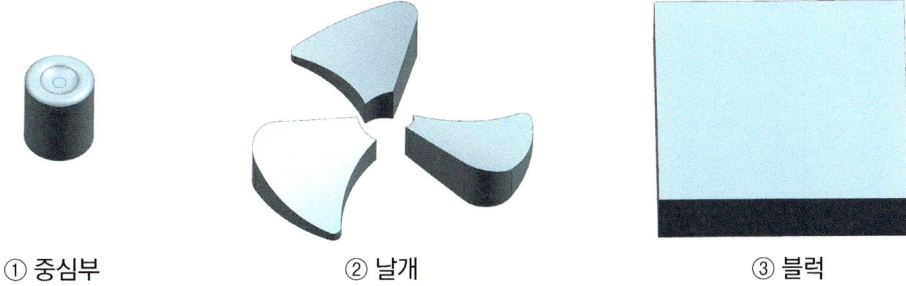

① 중심부   ② 날개   ③ 블럭

가.  【 Home 탭 > Feature그룹 > Unit 】 실행

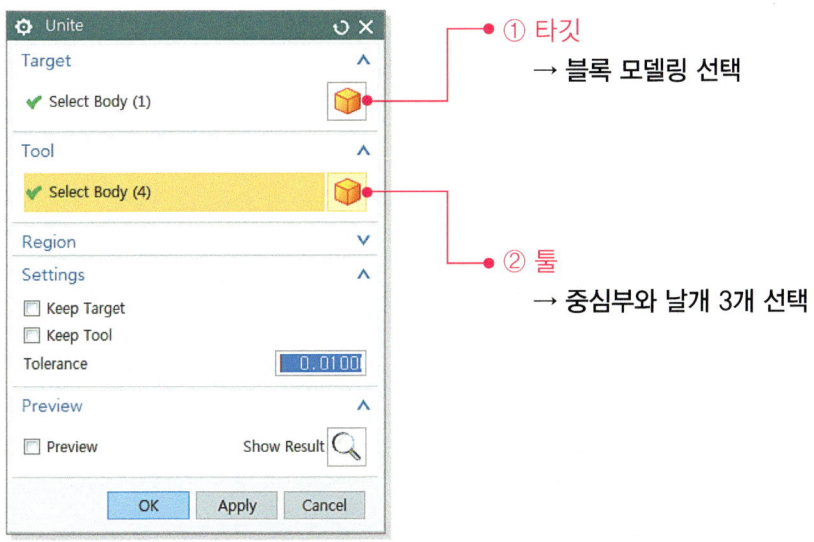

① 타깃
→ 블록 모델링 선택

② 툴
→ 중심부와 날개 3개 선택

나. 모델링 합치기 완성

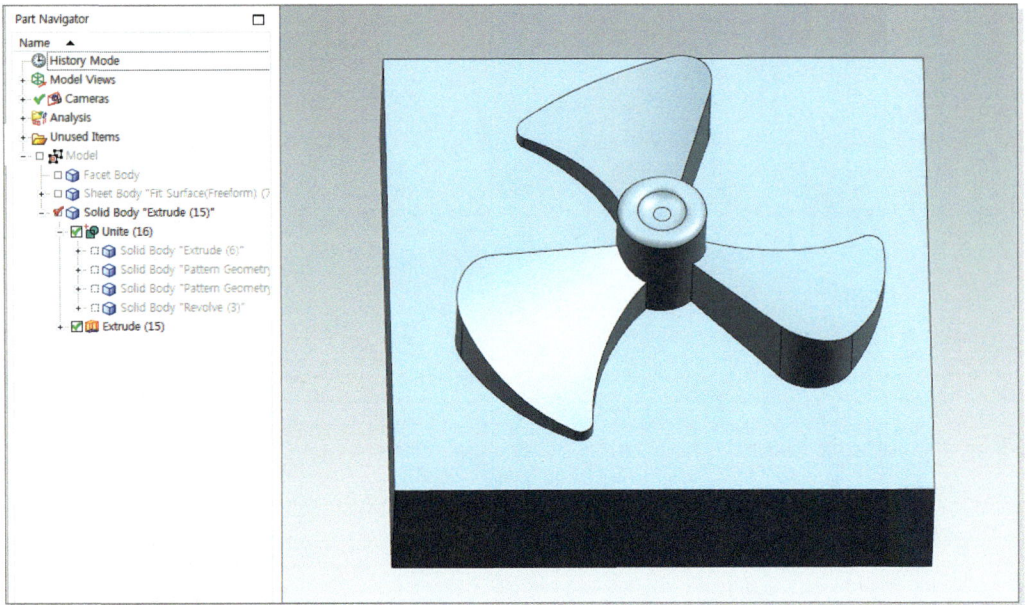

(9) 필렛 작업

❶ 날개 부의 필렛

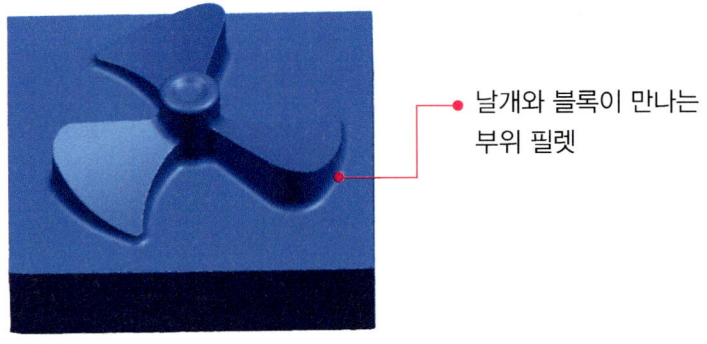

날개와 블록이 만나는
부위 필렛

필렛 작업을 위해 R값을 알아야 한다. 앞에서 사용한 단면 커브와 맞춤 커브 기능을 사용하여 R값을 측정한다.

❷ R값 측정

가. 앞에서 중심부 모델링 시 숨겨 놓은 단면 커브, 포인트를 나타나게 한다. 만약, 삭제하였다면 다시 단면 포인트 생성 과정을 진행한다.

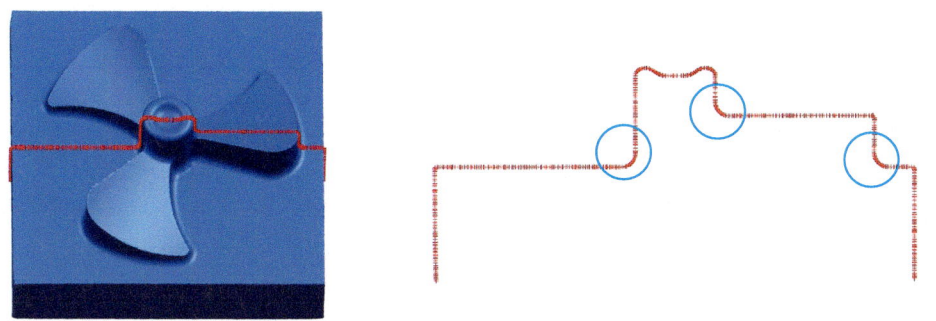

나. ○표시된 3곳의 R값을 측정한다. 같은 R값이라도 여러 부분을 측정해 오차 값을 줄일 수 있다.

다. Circle 생성

㉠ **Fit Curve** 【 Curve 탭 > Curve 그룹 > Fit Curve 】 실행

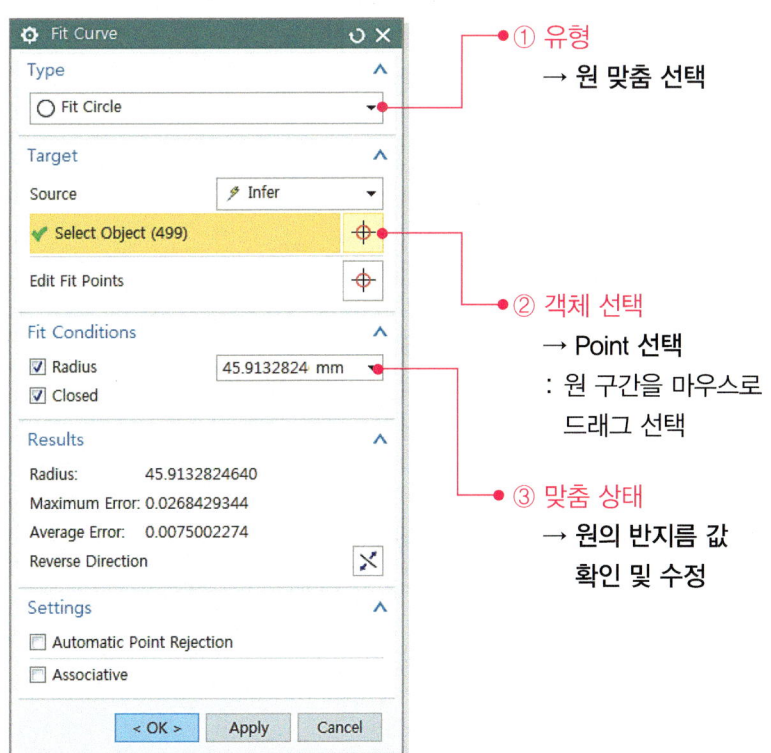

● ① 유형
   → 원 맞춤 선택

● ② 객체 선택
   → Point 선택
   : 원 구간을 마우스로 드래그 선택

● ③ 맞춤 상태
   → 원의 반지름 값 확인 및 수정

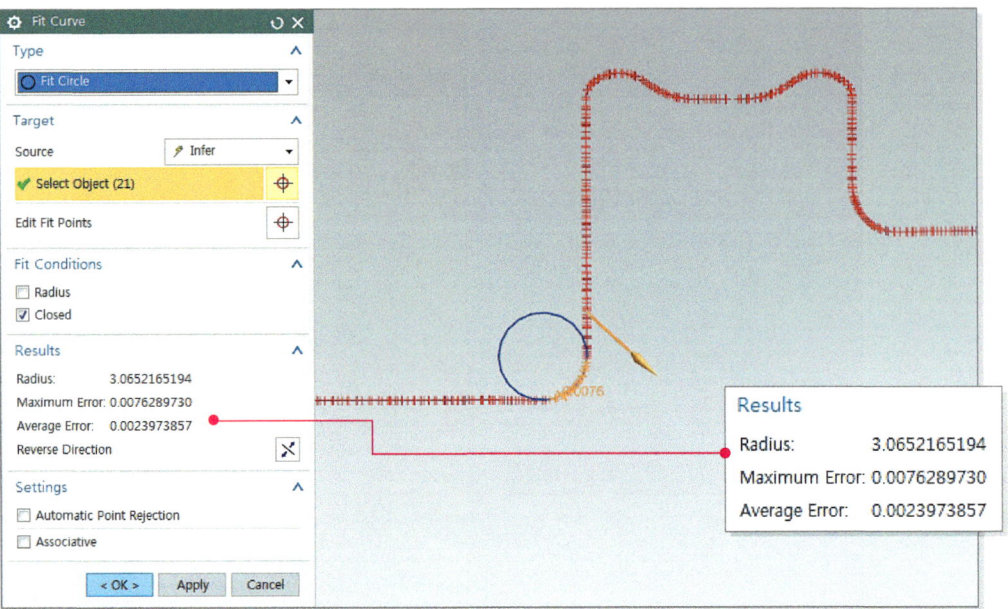

- 결과 창에서 R값을 확인할 수 있다.
- 3곳의 R값을 같은 방법으로 확인할 수 있으며, 원을 생성한 후 같이 확인하는 방법도 있다.

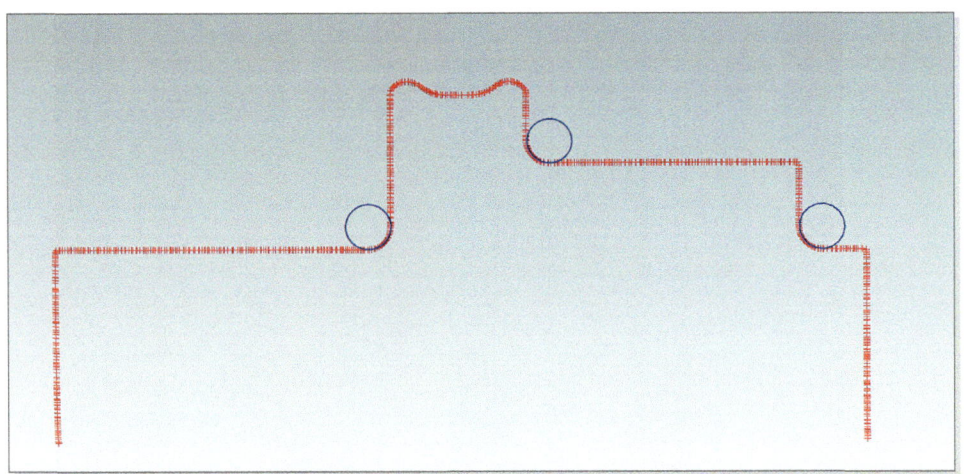

ⓛ ⟪Simple Radius⟫ 【 Analysis탭 > Meature 그룹 > Simple Radius 】 실행
- 맞춤 커브로 생성한 원을 선택하면 R값 표시
- 측정 R값 – 1번 : 3.0652, 2번 : 3.0394, 3번 : 3.0853
- ● 3개의 R값을 비교하여 최종 R값 3mm 확인

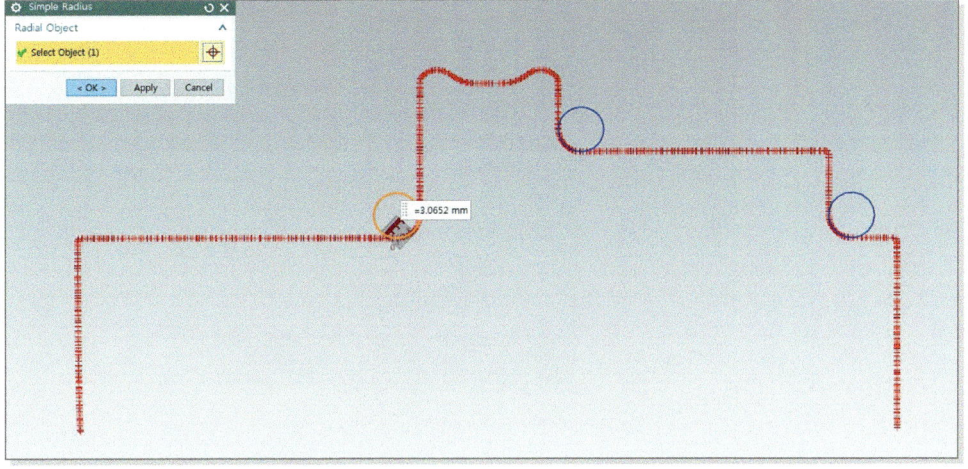

❸ 모서리 블렌드

📦 Edge Blend 【 Home 탭 > Feature그룹 > Edge Blend 】실행

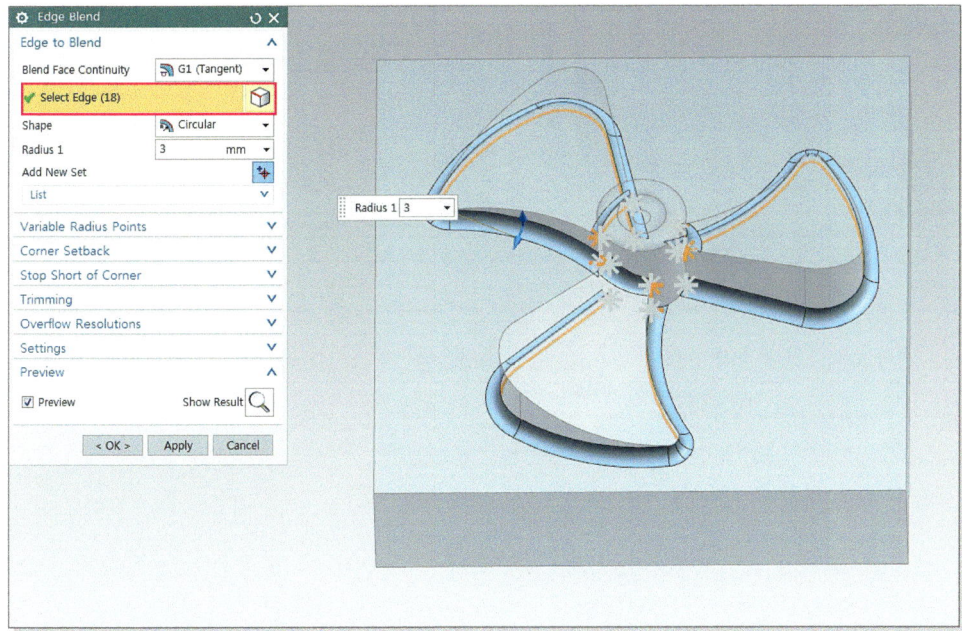

- 반지름 값 : 3 입력
- 날개와 블록이 교차되는 모서리 선택
- 날개와 중심부 교차되는 모서리 선택

❹ 필렛 완성

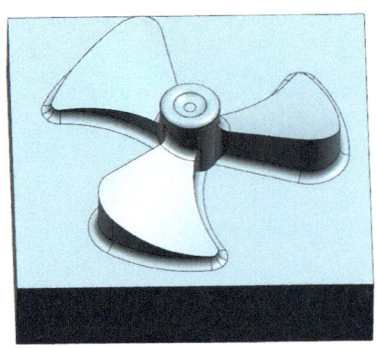

(10) 최종 모델링 오차 측정

모델링과 스캔데이터의 오차를 분석한다.

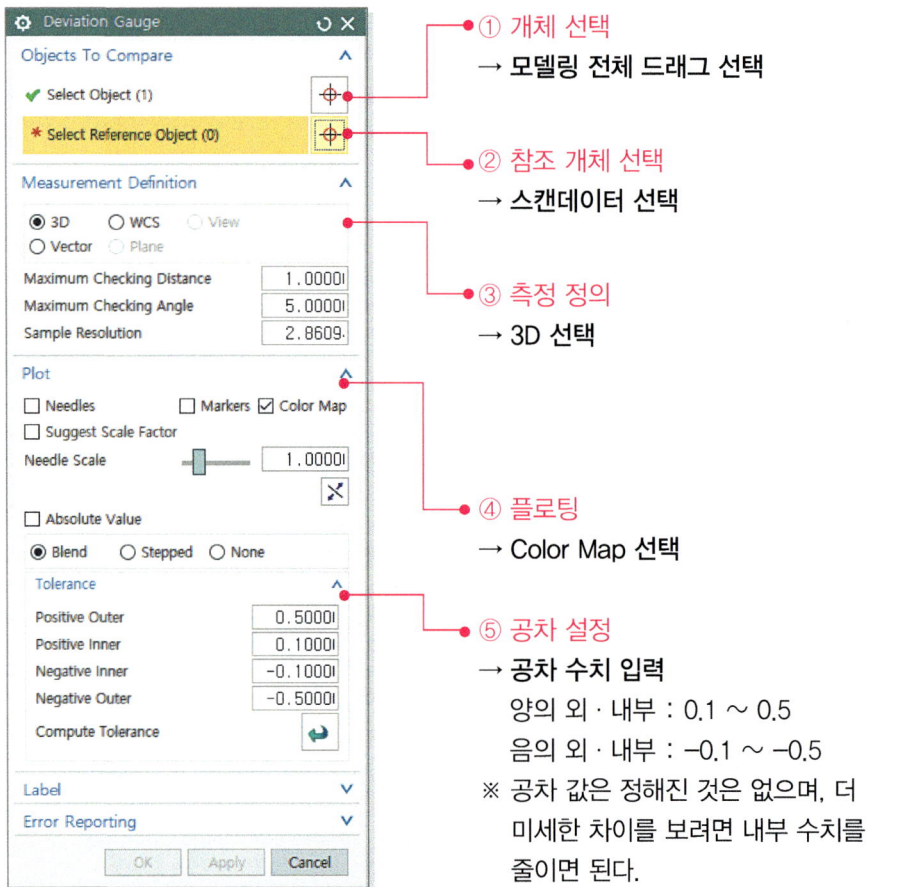

【 Reverse Engineering 탭 > Analysis 그룹 > Deviation Gauge 】 실행

① 개체 선택
→ 모델링 전체 드래그 선택

② 참조 개체 선택
→ 스캔데이터 선택

③ 측정 정의
→ 3D 선택

④ 플로팅
→ Color Map 선택

⑤ 공차 설정
→ 공차 수치 입력
 양의 외·내부 : 0.1 ~ 0.5
 음의 외·내부 : -0.1 ~ -0.5
※ 공차 값은 정해진 것은 없으며, 더 미세한 차이를 보려면 내부 수치를 줄이면 된다.

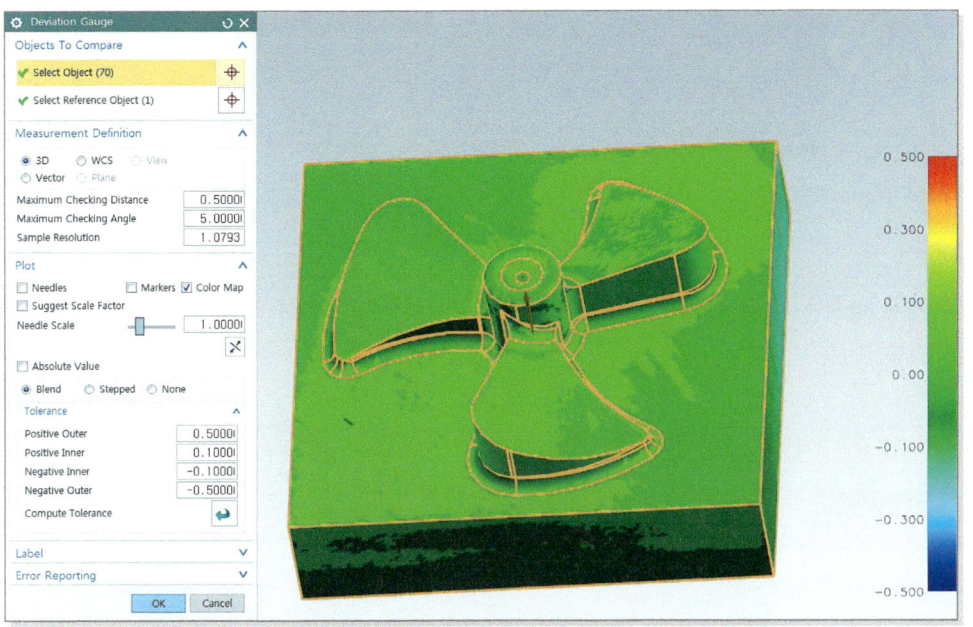

결과 녹색으로 나타나 모델링이 스캔데이터와 차이가 ±0.1 안에 들어오는 것을 확인할 수 있다.

(11) 스캔데이터 정렬(Alignment) 하기

역설계 모델링을 하기 전 먼저 스캔데이터(STL파일)를 프로그램의 좌표 축에 정렬이 필요하다. 스캔데이터는 스캐너의 좌표 값 위치를 가지고 있어 NX에서 불러들였을 때 좌표 축에 정렬되어 있지 않아, 모델링 시 불편하다.

NX에서 좌표 축에 정렬하는 방법이 먼저 실행되어야 하나, 정렬 전용 기능은 없고, 앞에서 사용했던 기능들을 이용해 정렬할 수 있기에 마지막에 설명하게 되었다.

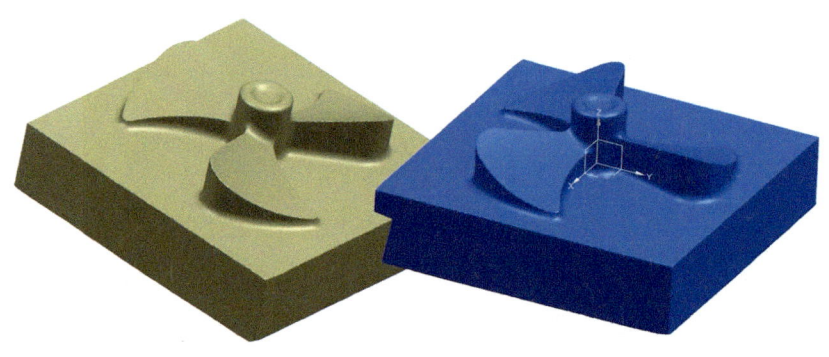

스캐너에서 저장된 스캔데이터   좌표 축에 정렬된 스캔데이터

❶ 정렬 요소

정렬을 하기 위해서는 평면, 선, 점 등을 이용하여 Move Object 기능을 사용하게 된다. 제품마다의 위 요소들을 생성할 수 있는 부위를 활용한다.

스캔 영역을 나누어 면을 생성하는 기능을 사용한다.

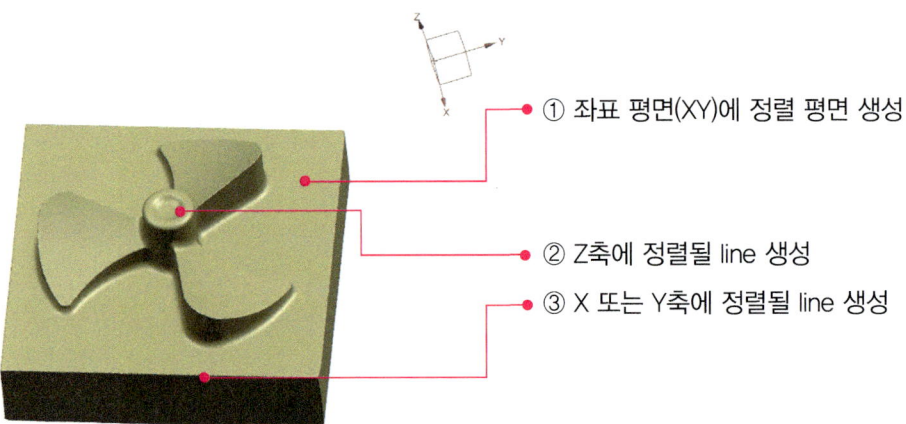

① 좌표 평면(XY)에 정렬 평면 생성
② Z축에 정렬될 line 생성
③ X 또는 Y축에 정렬될 line 생성

Reverse Engineering
역설계

❷ 영역나누기

Facet Body Curvature

【 Reverse Engineering 탭 > Analysis 그룹 > Facet Body Curvature 】실행

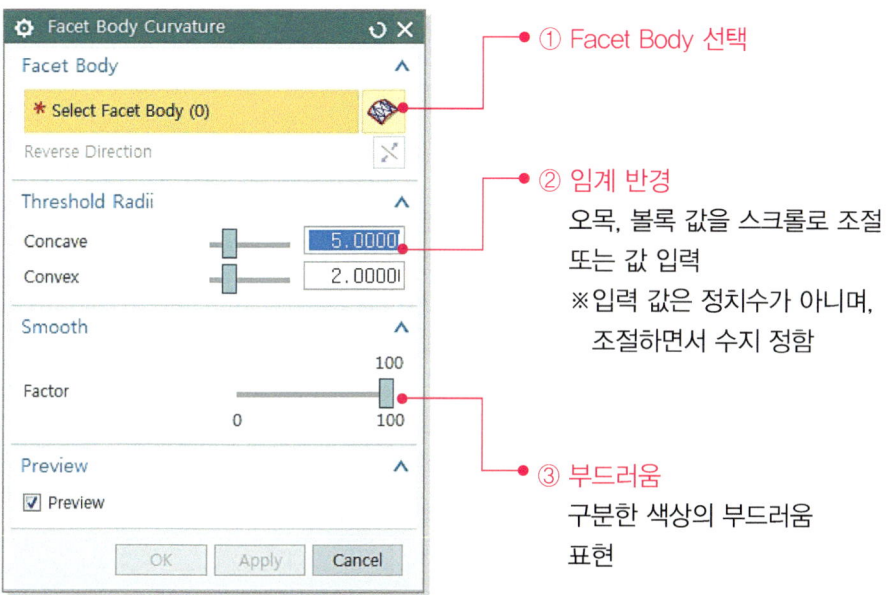

① Facet Body 선택

② 임계 반경
오목, 볼록 값을 스크롤로 조절
또는 값 입력
※입력 값은 정치수가 아니며,
  조절하면서 수지 정함

③ 부드러움
구분한 색상의 부드러움
표현

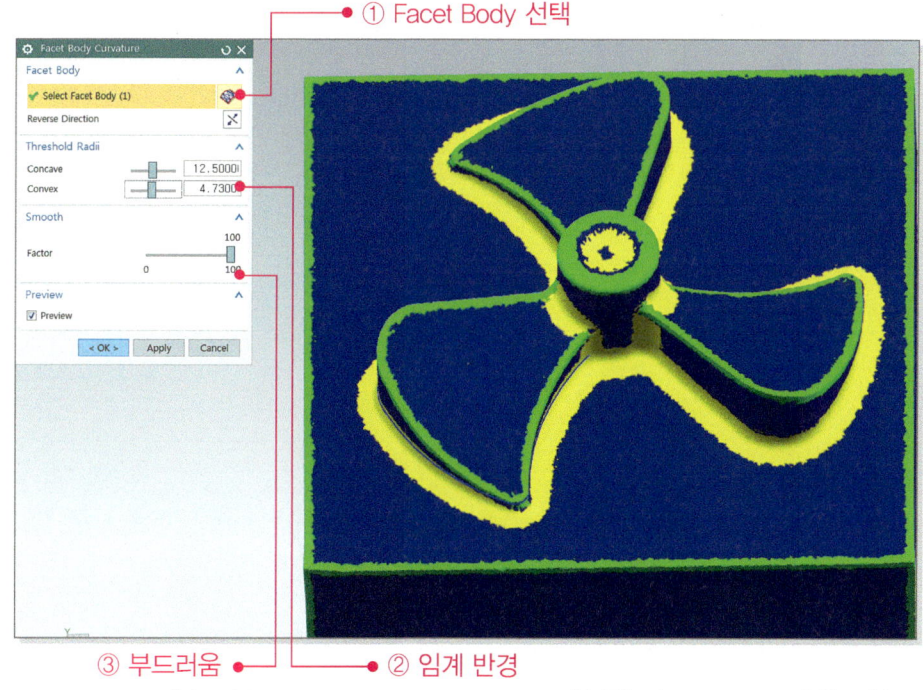

① Facet Body 선택

③ 부드러움
→ 계수 100

② 임계 반경
→ Conccavce(오목) 값 : 12.5 : 노란색 표현
  Convex(볼록) 값 : 4.73 : 녹색 표현
※값은 정해진 값이 없어, 스캔데이터마다 다른 값을 가진다.

제2장 NX에서 역설계하기 | 81

❸ 평면 만들기

 【 Reverse Engineering 탭 > Construction 그룹 > Fit surface 】실행

지정된 데이터 점 또는 파셋 바디에 맞춰 평면 생성

① 맞춤 유형 → **평면 선택**

② 선택 타깃

→ **구분된 영역 중 평면 선택**
: 영역 안에 있는 스캔 데이터를 맞추어 평면 생성

❹ 원통 만들기

【 Reverse Engineering 탭 > Construction 그룹 > Fit surface 】실행

지정된 데이터 점 또는 파셋 바디에 맞춰 원통 생성

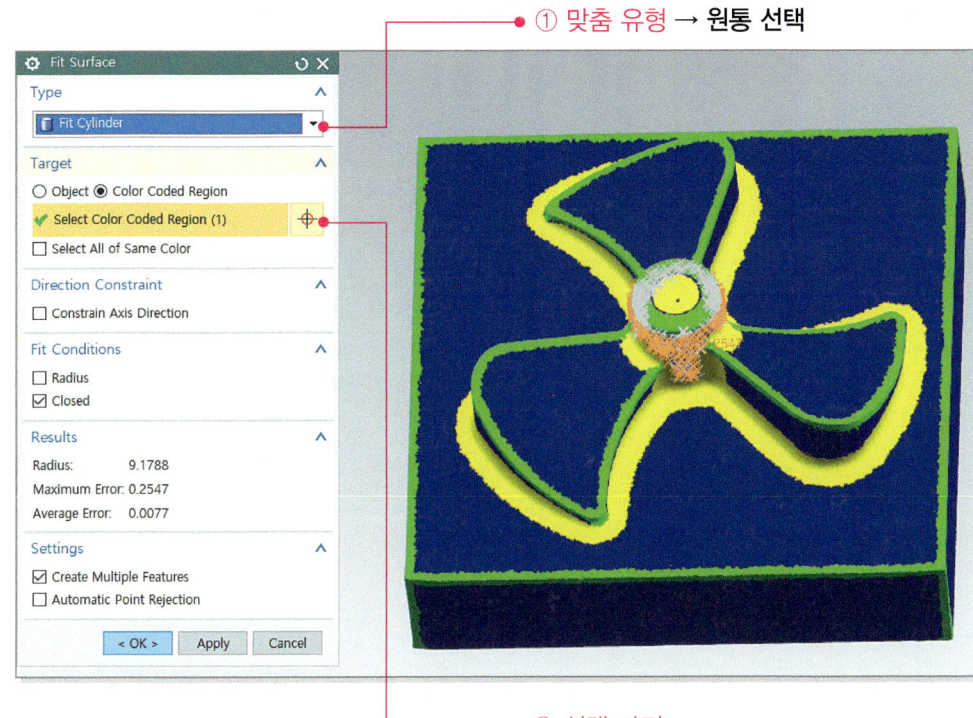

① 맞춤 유형 → 원통 선택

② 선택 타깃
→ 구분된 영역 중 원통 선택
: 영역 안에 있는 스캔 데이터를 맞추어 원통 생성

❺ 측면 만들기

 【 Reverse Engineering 탭 > Construction 그룹 > Fit surface 】실행

지정된 데이터 점 또는 파셋 바디에 맞춰 평면 생성

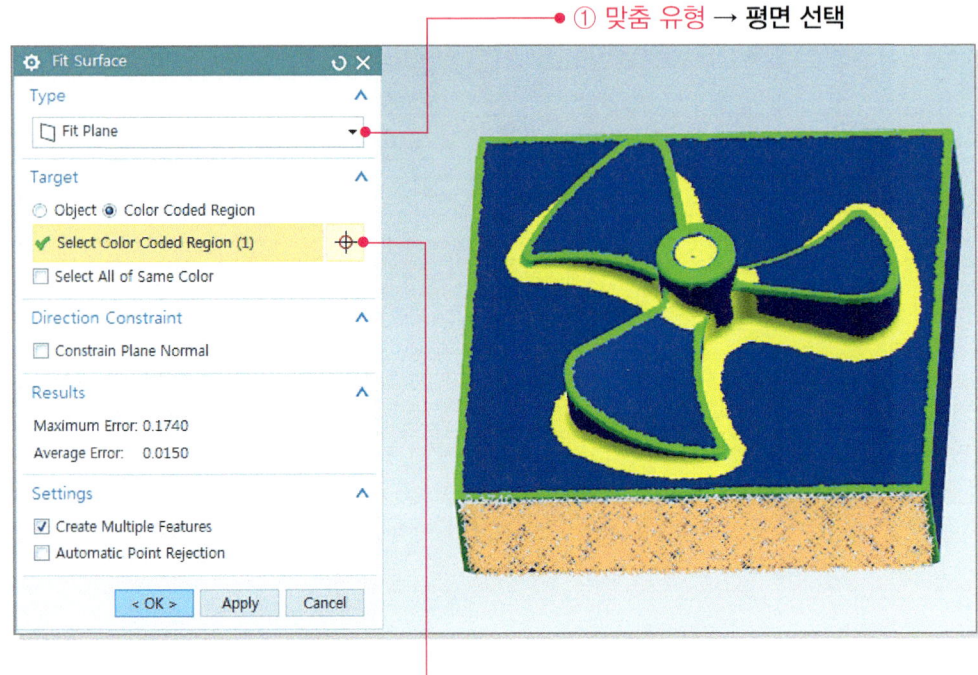

① 맞춤 유형 → **평면 선택**

② 선택 타깃
→ **구분된 영역 중 측면 선택**
: 영역 안에 있는 스캔 데이터를
  맞추어 측면 생성

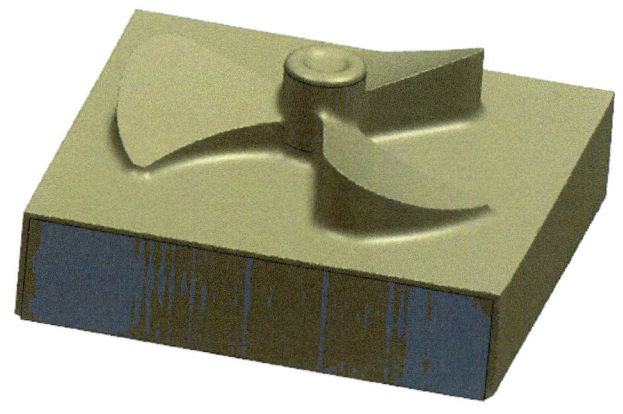

❻ 선 만들기

축 방향을 결정할 선을 원통의 중심선과 위 평면과 측면 과의 교차선을 생성한다.

가. 중심선 만들기

【 Curve 탭 > Curve 그룹 > Line 】실행

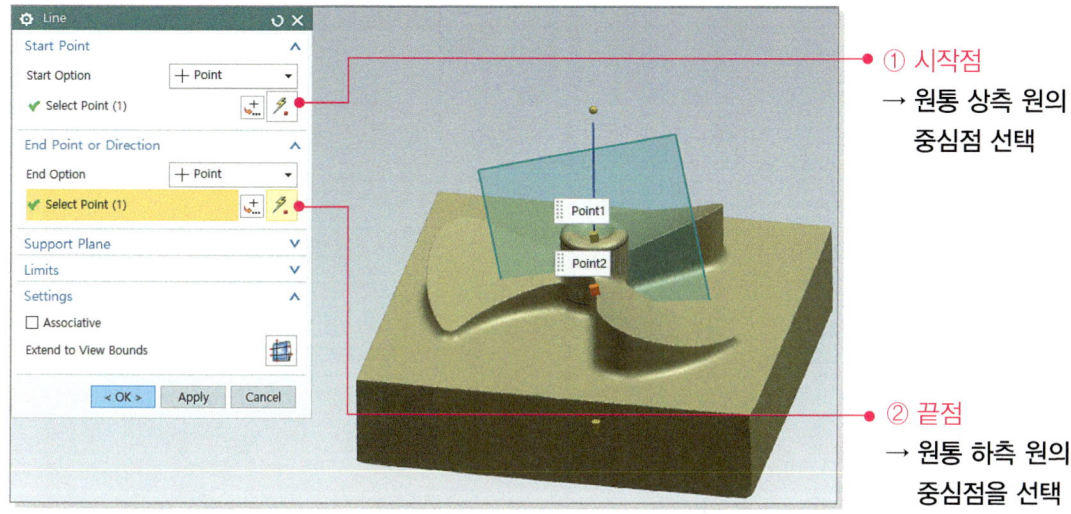

① 시작점
→ 원통 상측 원의 중심점 선택

② 끝점
→ 원통 하측 원의 중심점을 선택

선이 미리 생성 되면, 양쪽 끝 구형상을 이동하여 선을 늘려준다.

나. 측면 늘리기

교차선을 만들기 위해 측면 크기를 늘려준다.

【 Surface 탭 > Edit Surface 그룹 > Enlarge 】실행

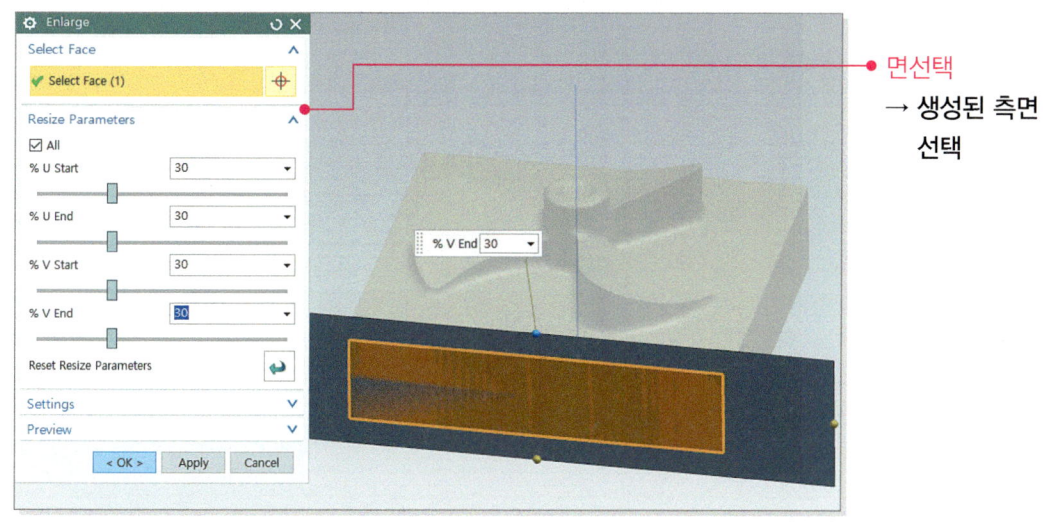

면선택
→ 생성된 측면 선택

면의 사방의 구를 이동하여 늘리거나, 수치 입력

다. 교차선 만들기

상측면과 측면의 교차선을 생성한다.

【 Curve 탭 > Derived Curve그룹 > Intersection Curve 】실행

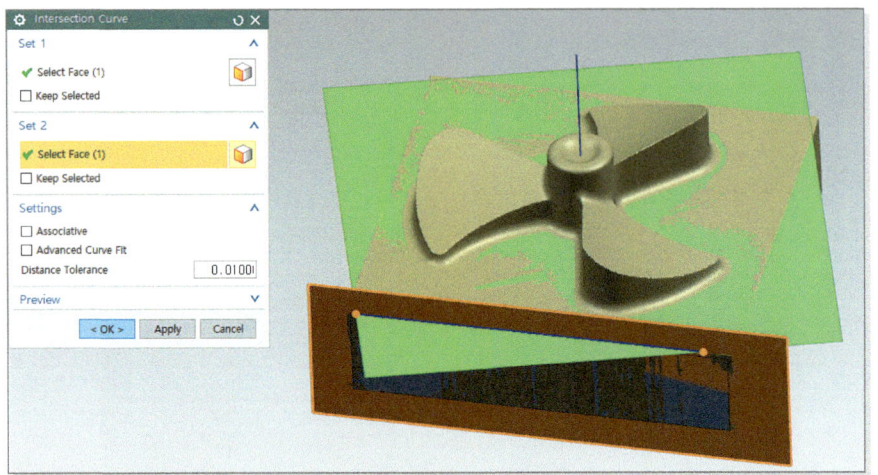

상측면 선택 후 측면 선택하여 교차선 생성

라. 교차점 만들기

상측면과 원통의 중심선의 교차점을 생성한다. 교차점은 원점이 된다.

【 Curve 탭 > Curve 그룹 > Point 】실행

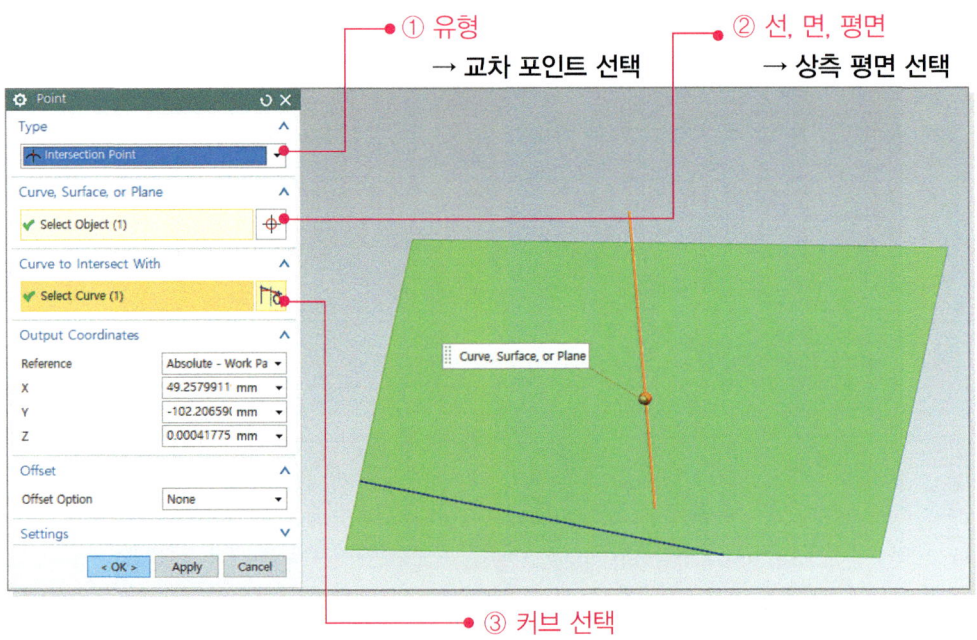

마. 좌표 축 생성

평면, 선, 점을 이용하여 좌표 축을 생성한다.

【 Menu > Insert > Datum/point > Datum CSYS 】실행

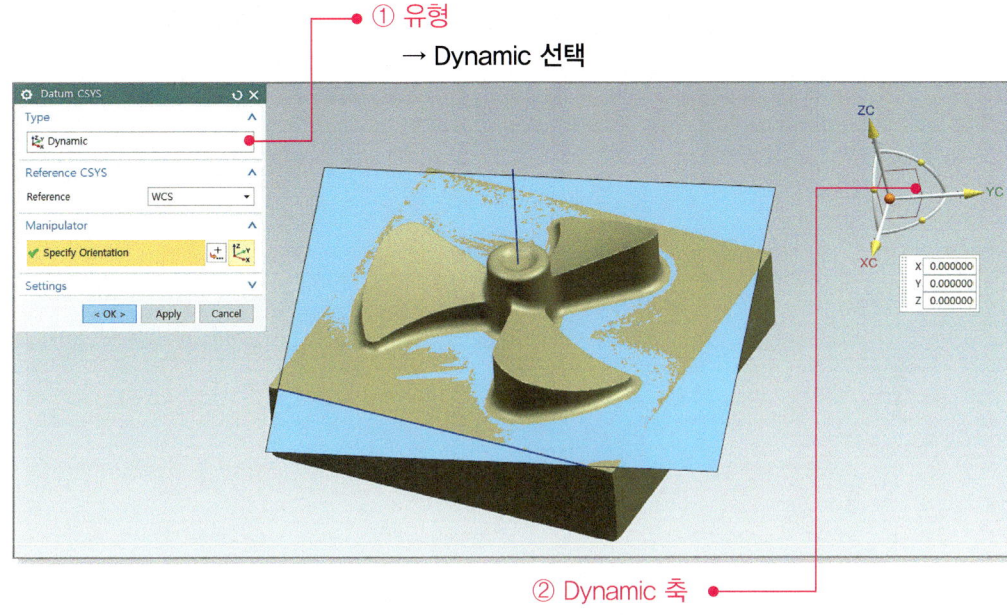

① 유형
→ Dynamic 선택

② Dynamic 축

Dynamic 축의 원점을 선택하고, 만든 교차점을 선택하면, 축이 이동한다.

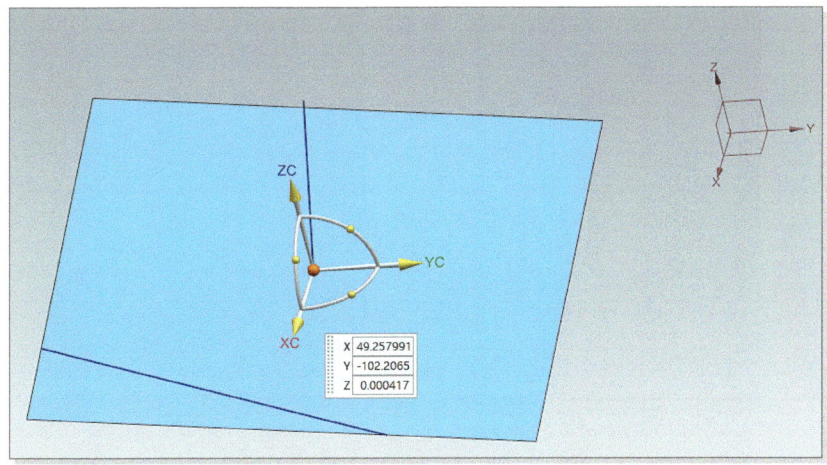

Dynamic 축의 Z축을 선택하고, 상측 평면을 선택하면, 축이 상측 평면에 수직으로 정렬된다.

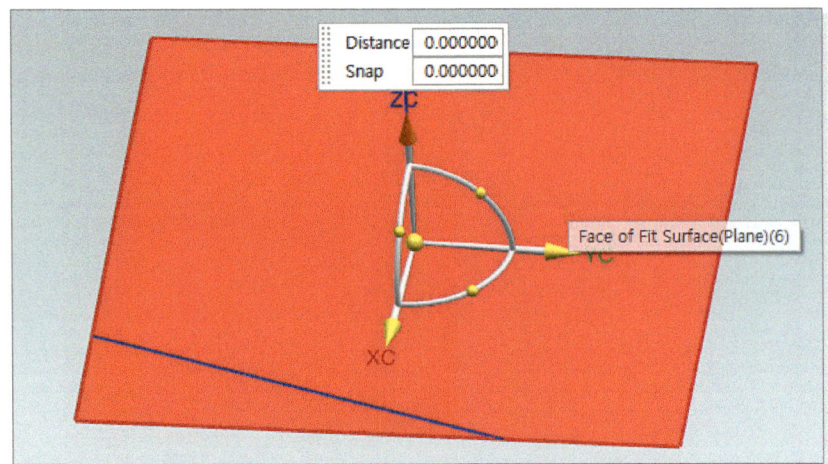

Dynamic 축의 Y축을 선택하고, 교차 선 선택하면, Y축이 교차선에 정렬된다.

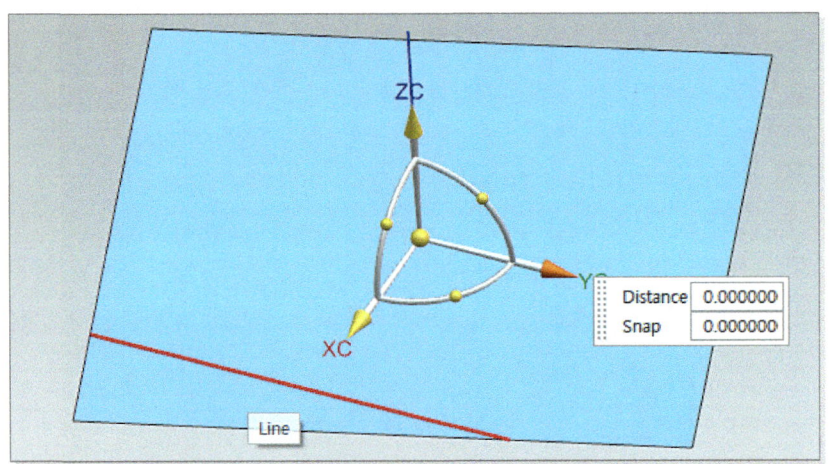

OK 클릭하면 평면과 교차점, 교차 축에 정렬된 좌표가 생성된다.

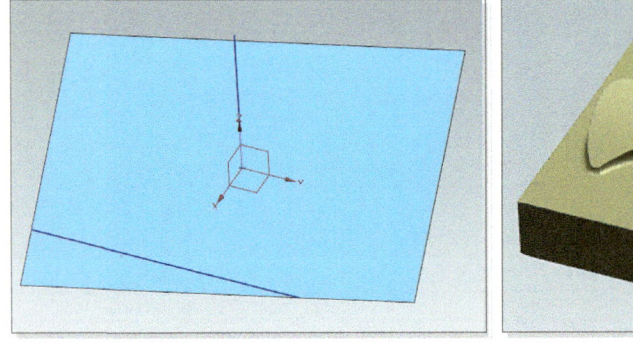

좌표를 만들기 위한 평면, 교차점, 교차선을 삭제한다.

바. 스캔데이터 이동 정렬

생성된 좌표를 이용하여 스캔데이터를 이동 정렬한다.

【 Menu〉 Edit 〉 Move Object 】실행

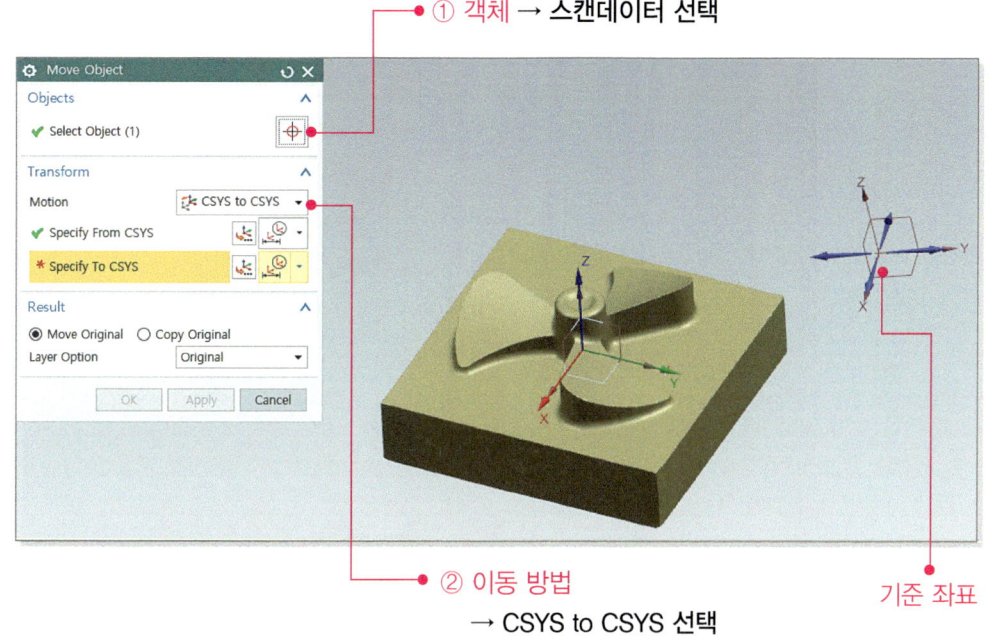

생성된 좌표 먼저 선택 후 기준 좌표를 선택하면, 스캔데이터가 이동한다.

사. 스캔데이터 정렬

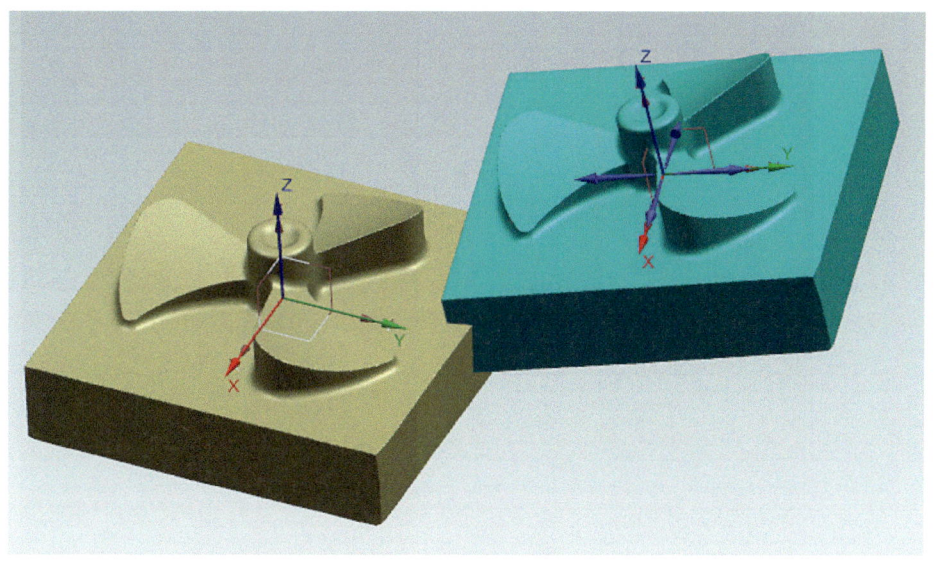

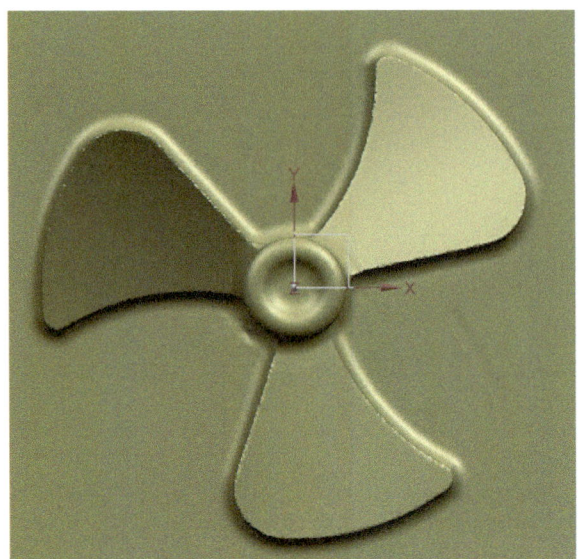

PART III 3D 프린팅

3D printing

Chapter 01
3D 프린팅 개념

Chapter 02
3D 프린팅하기

제1장 3D 프린팅 개념

1. 3D 프린팅이란?

3D Printing을 직역하면 '삼차원 인쇄' 라는 뜻으로 소재(분말, 액체, 고체)를 한층, 한층 쌓아가며 조형하는 모습이 일반적인 인쇄기(Printer)의 원리와 유사하여 붙여진 이름이다. 구현하고자 하는 물체를 3차원 디지털 도면을 통해 가상의 물체로 디지털화한 후, 매우 얇은 단면을 한 층씩 형상을 쌓아 결과물을 만들어 낸다.

'3D Printing' 용어가 보편적으로 사용되고 있지만 주로 저가형 3D 프린터를 지칭하는 용어로 사용되고 있으며, 공식적인 기술용어는 '적층 제조(Additive Manufacturing)'이다.

입체물을 기계 가공 등을 통하여 자르거나 깎는 절삭 가공(Subtractive Manufacturing) 제조 방식과 반대되는 개념이다. 또한 RP (Rapid Prototyping) 쾌속 조형이라고도 불렀다. 이로써 일반 제조 공정에서는 복잡한 과정을 거쳐야 생산이 가능한 모형이나 내부에 공간이 있는 구조 등의 제품을 한번에 생산 가능하다.

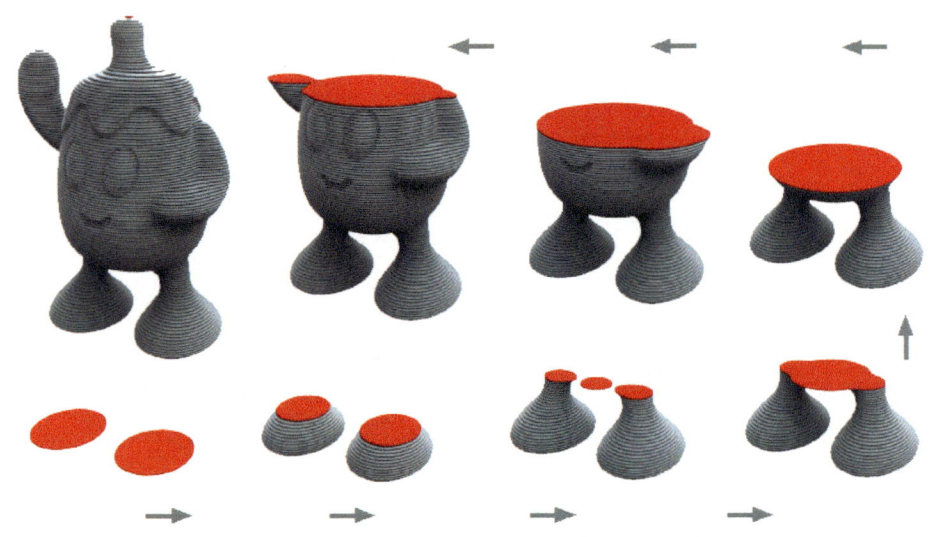

2. 3D 프린팅의 역사

최초의 3D 프린팅 기술은 미국의 척 헐(Chuck Hull)에 의해 1984년에 개발되었다. SLA(StereoLithography Apparatus)라 불리는 광경화성 수지를 레이저를 이용해 경화시키며 3차원 물체를 생산하는 방식으로, 공식적인 최초의 3D 프린팅 기술로 기록되어 있다. 이후 1986년 3Dsystems를 설립하였고, 현재 전 세계 3D 프린팅 시장 점유율 2위 기업이 되었다.

이어서, 대중적으로 가장 많이 알려진 FDM(Fused Deposition Modeling)은 미국 스콧크럼프(Scott Crump)에 의해 1989년 개발되었으며, 같은 해 스트라타시스를 설립하고 1992년 상용화된 제품을 출시하였다. 스트라타시스는 현재 전 세계 3D 프린팅 시장 점유율 1위 기업이다.

이렇듯 3D 프린팅 기술은 약 37년 전에 등장하였지만 당시 비싼 가격과 특허권의 보호로 대중의 접근이 제한되었다.

이후 2000년대 초 특허권의 만료로 오픈 소스 운동의 확산, 디지털 기술의 발전 등을 배경으로 3D 프린팅 산업이 본격적으로 활성화되기 시작하였다.

2004년 영국 아드리안 보이어 교수가 추진한 최소한의 비용으로 자가 복제가 가능한 3D 프린터 개발을 목표로 렙랩 프로젝트를 추진했고, 3D 프린터 제작에 필요한 모든 정보(하드웨어 및 소프트웨어 등)을 오픈 소스로 공개하여 다수의 3D 프린터 제조 기업들이 생겨났다.

2013년 오바마 미국 전 대통령이 3D 프린팅 기술은 미래 제조업 혁명의 대표 주자가 될 것이라 언급하면서 '3D 프린터, 3D 프린팅' 이라는 단어가 대중적으로 확산되었고 무엇이든 멋지게 만들 수 있다는 인식을 가지게 되었다. 그러나 출력 시간이 오래 걸리고 품질은 좋지 않으며 사용법도 어려워 대중의 차가운 비평과 함께 빠른 속도로 3D 프린팅에 대한 열기가 사그라들었다.

하지만 2013년부터 3D 프린팅 산업은 계속 성장하고 있으며, 현재까지 프린터의 안전성과 자동화 기능이 개선되어 3D 프린팅 산업의 미래는 밝을 전망이다.

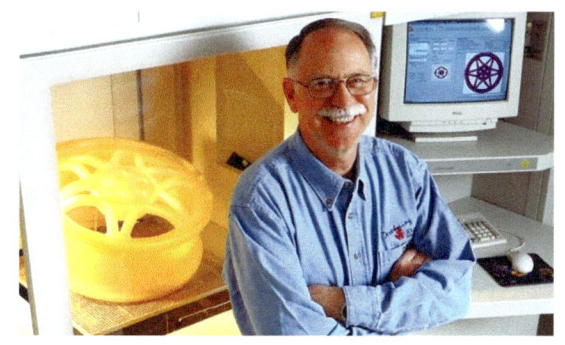

척 헐(Chuck Hull)과 3D프린터의 모습(출처 : inderstryweek)

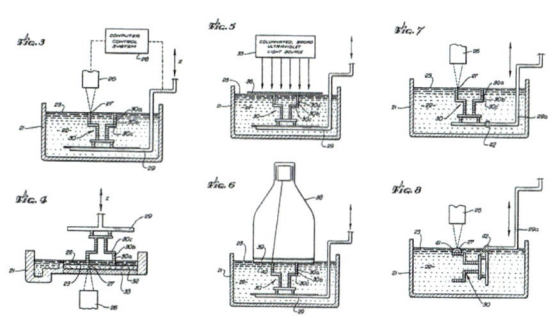

〈척 헐의 세계 최초 3D프린터 관련 특허 : 미국 특허청〉

3. 3D 프린터 방식

(1) 방식 구분

가공 전 소재	주요재료	파워소스	기술분류	방식 명	특징
액체 기반	광경화성 플라스틱	레이저	Vat Photopolymerization	SLA(Stereo Lithography Apparatus)	척 헐
		강한 자외선	Vat Photopolymerization	DLP(Digital Light Process)	면접촉 경화 방식
		강한 자외선	Material Jetting	PolyJet(Photopolymer Jetting Technology) MJM(Multi Jetting Modelling)	재료배합/ 컬러
		강한 자외선	Vat Photopolymerization	CLIP(Continuous Liquid Interface Production)	100배 빠른/ 카본3D
파우더 기반	플라스틱, Metal, 세라믹, 모래 등	레이저	Powder Bed Fusion	SLS(Selective Laser Sintering) SLM(Selective Laser Melting) DMLS(Direct Metal Laser Sintering)	고성능/ 고가
	플라스틱	바인더	Binder Jetting	3DP(Inkjet head 3D Printing) Inkjet Powder Printing	컬러
	열가소성 분말+ (Fusing+ Detailing Agent)	에너지 소스	Chemical Jetting	MJF(Multi Jet Fusion)	10배 빠른 / HP
	Metal	레이저 프라즈마 마크	Direct Energy Deposition	DED(Direct Energy Deposition) DMT(Laser Aided Direct Metal Tooling EBM(Electron Beam Melting)	Hybrid
고체 기반	(필라멘트) 플라스틱 와이어	히터	Material extrusion	FDM(Fused Deposition Modeling) FFF(Fused Filament Fabrication)	스캇 크럼프/ 보급형
필름 기반	종이, 필름 소재	히팅롤러	Sheet Lamination	LOM(Laminated Object Manufacturing)	

❶ 압출 적층 조형 – FDM(Fused Deposition Modeling)

가. 고체기반으로 필라멘트형 소재를 핫플레이트와 노즐을 거쳐 용융되어 통과, 노즐을 통과한 소재는 적층과 동시에 경화

나. 소재 : 열가소성 플라스틱(PLA, ABS)

다. 장점 : 제작 비용 저렴, 가장 많이 사용

라. 단점 : 전단 응력에 약함. 지지대 부재료 소모 큼

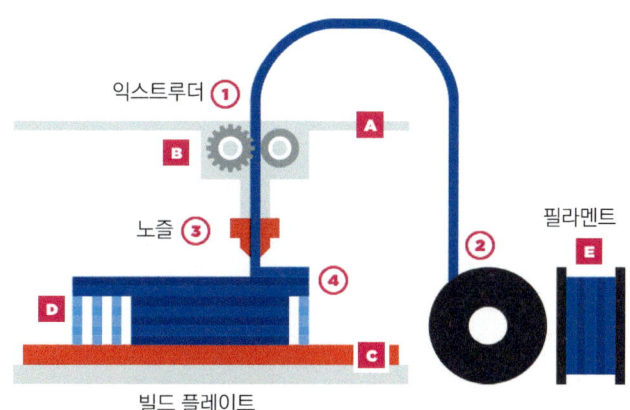

❷ 광경화성 수지 적층 조형 – SLA(Stereo Lithography Apparatus)

가. 액체 기반으로 레이저 또는 강한 자외선을 이용해 소재를 순간적으로 경화시켜 형상 제작

나. 소재 : 광경화형 플라스틱

다. 장점 : 얇고 미세한 형상 제작, 고해상도, 투명한 물체 제작 가능

라. 단점 : 기계, 재료비 비싸다.

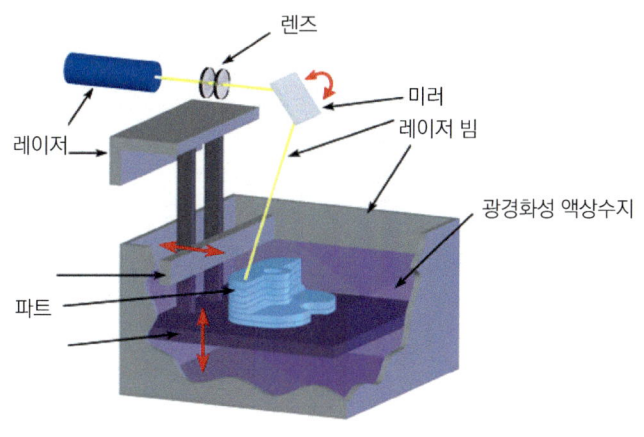

❸ 선택적 레이저 소결 – SLS(Selective Laser Sintering)

가. 파우더 기반으로 레이저를 이용해 분말을 가열하여 응고시킨다.

나. 소재 : 열가소성 플라스틱, 금속, 세라믹, 유리 등

다. 장점 : 정밀성 우수, 금속 소재 사용 가능, 강도 우수

라. 유지보수비용 및 장비 가격 높음, 후 표면처리 공정 필요

❹ 폴리젯 적층 조형 – Polyjet Printing

가. 광경화성 액상 재료를 헤드 통하여 분출하고, UV램프로 분사된 재료를 경화제작

나. 소재 : 광경화성 수지

다. 장점 : 치수 정밀도 정교한 부품 제작 적합, 투명 재질 제작 가능

라. 단점 : 비용 높음

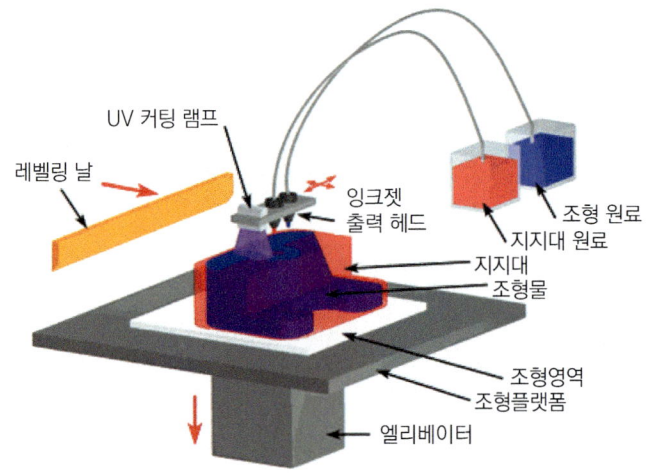

❺ 마스크 수영 이미지 광경화 조형 – DLP(Digital Light Processing)

    가. 액체기반으로 DLP 프로젝트가 인쇄를 위한 이미지를 수조 안에 담긴 광경화성 수지에
        조사하여 조형하는 방식

    나. 소재 : 광경화성 수지

    다. 장점 : 뛰어난 미세 형상 제작. 인쇄 속도 빠름, 보석, 치과용 보조재에 많이 사용

    라. 단점 : 큰 파트는 제작 어려움

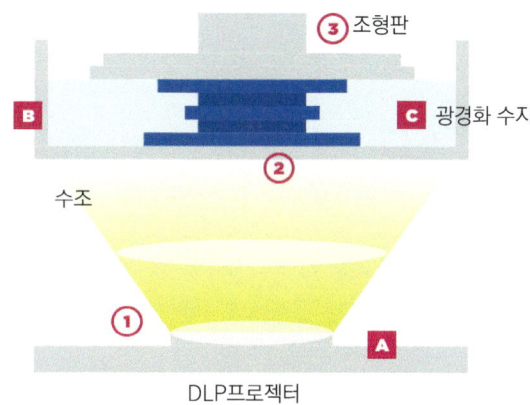

4. 프린터 활용

(1) 컨셉디자인 : 디자인 초기 단계에 디자인 Concept을 결정할 수 있다.

(2) 마케팅도구 : 영업 및 해외 바이어 상담 시 효율적으로 사용이 가능하다.

(3) 기능 테스트 : Modeling 된 형상을 신속히 제작 조립 및 설계 검증이 동시에 가능하다.

(4) 디자인 검증 : 시제품 제작

(5) 간이 금형제작 : Cast 및 Investment Casting(정밀주조) 가능

(6) 진공 주형 Master Model 제작 : 여러 종류의 재질로 20~30개 정도의 시제품 생산가능

(7) 의료 분야 : 치아, 인공장기, 뼈 등 수술 검토용 모형제작

(8) 의류, 건축 분야

3D 프린터로 출력한 차량 사례(출처 : EDAG)

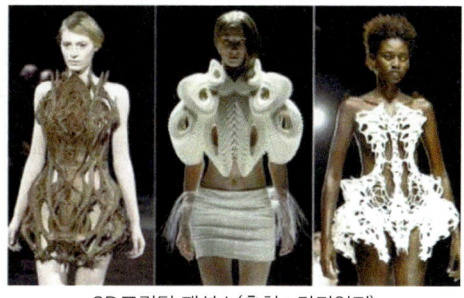
3D프린팅 패션쇼(출처 : 가디언지)

5. 3D 프린팅 과정

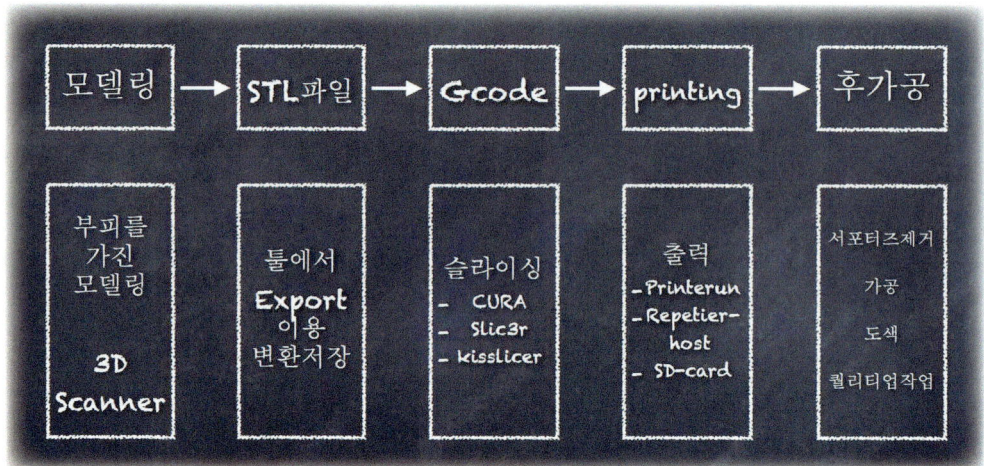

(1) 모델링
설계 및 모델링 프로그램을 이용하여 부피를 가진 물체를 만들어 내는 과정

(2) STL 파일 만들기
모델링 후 STL 파일 포맷으로 변환, 모델링 프로그램의 Export 기능 이용하여 STL 파일 저장

(3) 슬라이싱 프로그램 – G코드 생성
STL 형식으로 변환된 파일을 3D프린터가 인식 가능한 G코드 파일로 변환함
프린터 브랜드의 전용 프로그램, CURA(대표 프로그램), Simplify 3D 등

(4) 프린팅
생성된 G코드를 저장 장치를 통해서 프린터에 보내서 출력함.

(5) 후가공
출력 후 지지대를 제거하고, 표면을 매끄럽게 처리 후 도색

제2장 3D 프린팅하기

1. 사용 프린터

✓ **프린터 특징**
- 모델명 : Dimension SST
- 제조사 : Stratasys (USA)
- 제작방식 : FDM(Fused Deposition Modeling) 방식
- 최대 제작 크기 : 203 x 203 x 305mm
- 적층두께 : 최소 0.254mm 최대 0.332mm
- 사용재료 : ABS Plastic
- Support 재료 : Soluble(수용성)

(1) 프린터 구성

2. 프린팅 과정

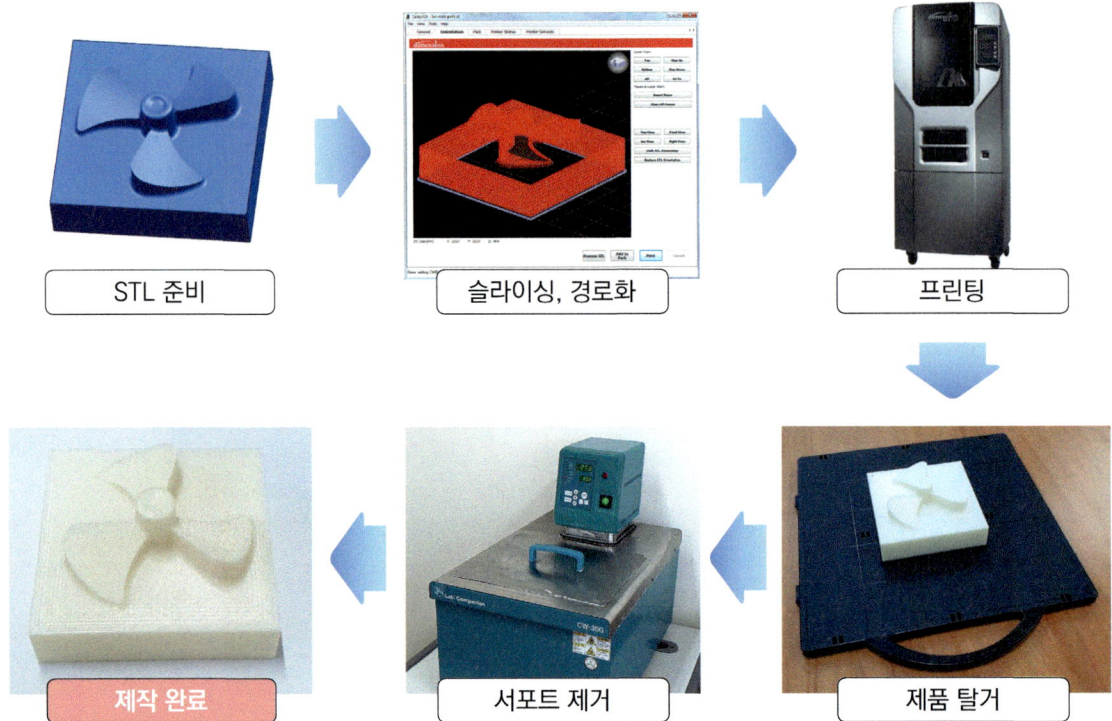

3. STL 파일 생성

NX에서 역설계한 팬 코어 모델링 STL로 내보내기

(1) STL 내보내기

File > Import > Stl...기능으로 스캔데이터 경로 설정 후 OK 누르기

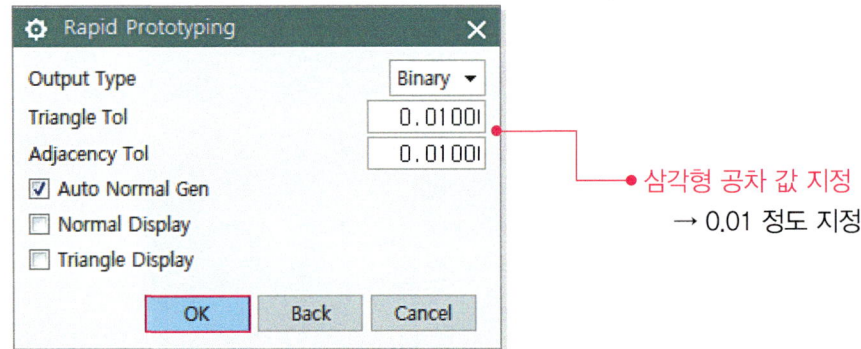

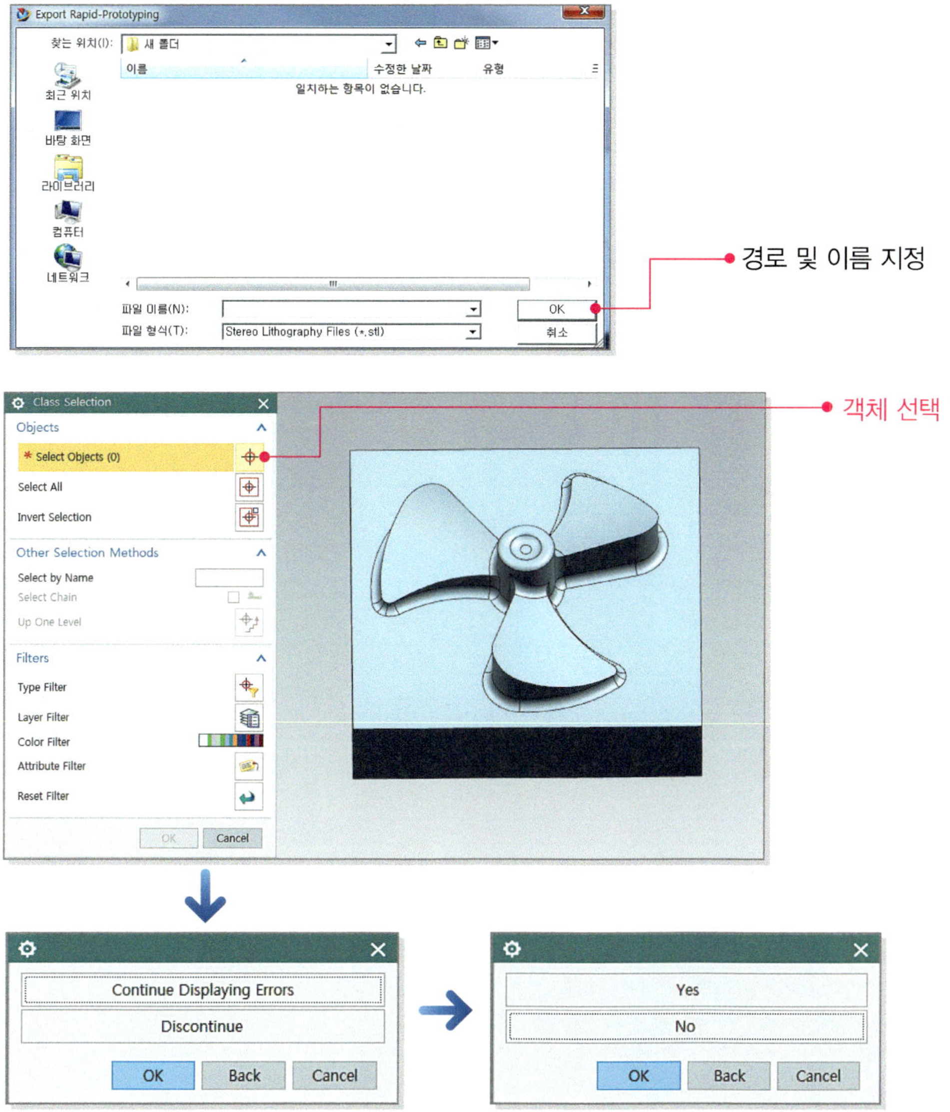

4. 프린팅 프로그램 설정

(1) 슬라이싱 코드 생성

Dimension 전용 프로그램 CatalysEX 실행하여 슬라이싱 작업

❶ 프로그램 소개

　가. 메뉴 : STL파일 불러오기

나. Interface Tab

　㉠ General Tab(기본 탭) : 프린터 정보, 모델보기, 작업 속성

　㉡ Orientation Tab(방향 탭) : 부품 보기, 부품 방향 지정, 부품 처리, 부품 레이어 보기

　㉢ Pack Tab (팩 탭) : 여러 팩 관련 도구 및 정보 소스

　㉣ Printer Status Tab(프린터 상태 탭) : 프린터의 인쇄 작업과 보류 중인 작업 관리

　㉤ Printer Services Tab(프린터 서비스 탭) : 프린터 기록을 보고, 소프트웨어 업데이트, 암호 설정

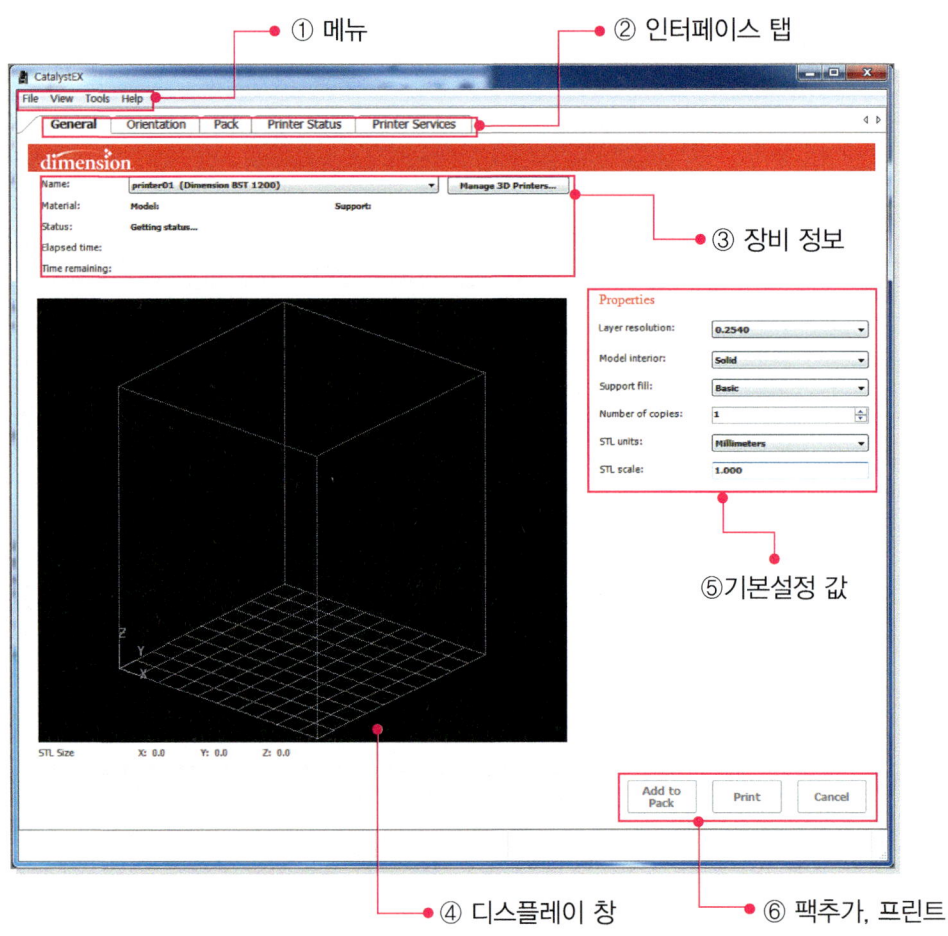

❷ 슬라이싱하기

　가. File > Open STL

　　팬 코어 stl 파일을 불러온다.

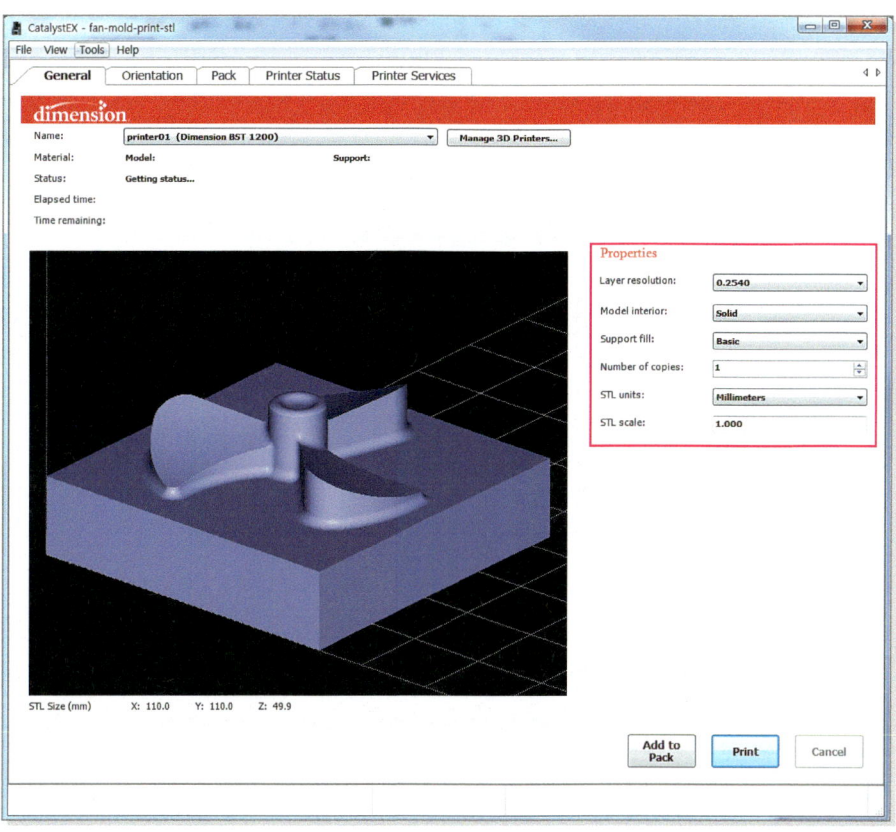

나. General Tab에서 기본 옵션 설정

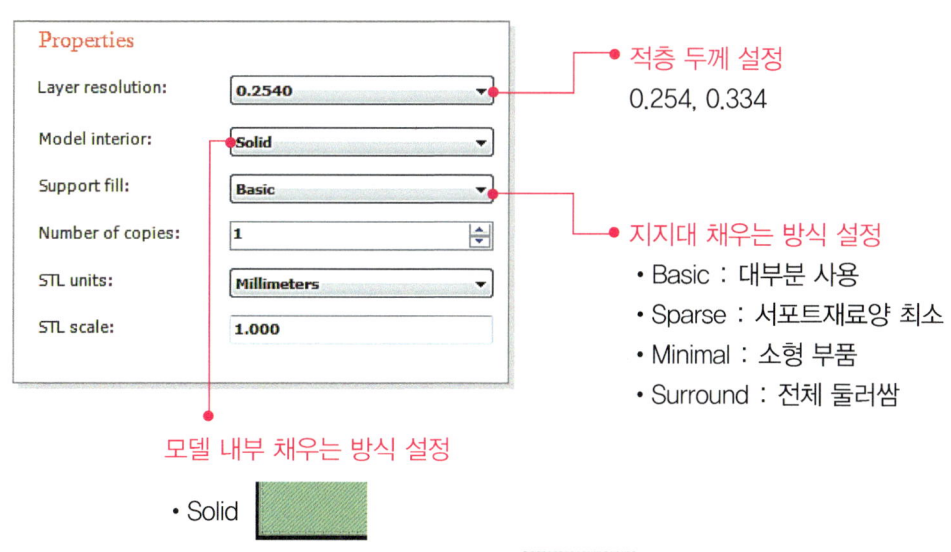

● 적층 두께 설정
  0.254, 0.334

● 지지대 채우는 방식 설정
  • Basic : 대부분 사용
  • Sparse : 서포트재료양 최소
  • Minimal : 소형 부품
  • Surround : 전체 둘러쌈

모델 내부 채우는 방식 설정
  • Solid
  • Sparse-high density : 고밀도
  • Sparse-low density : 저밀도

다. Orientation Tab에서 부품 방향 설정

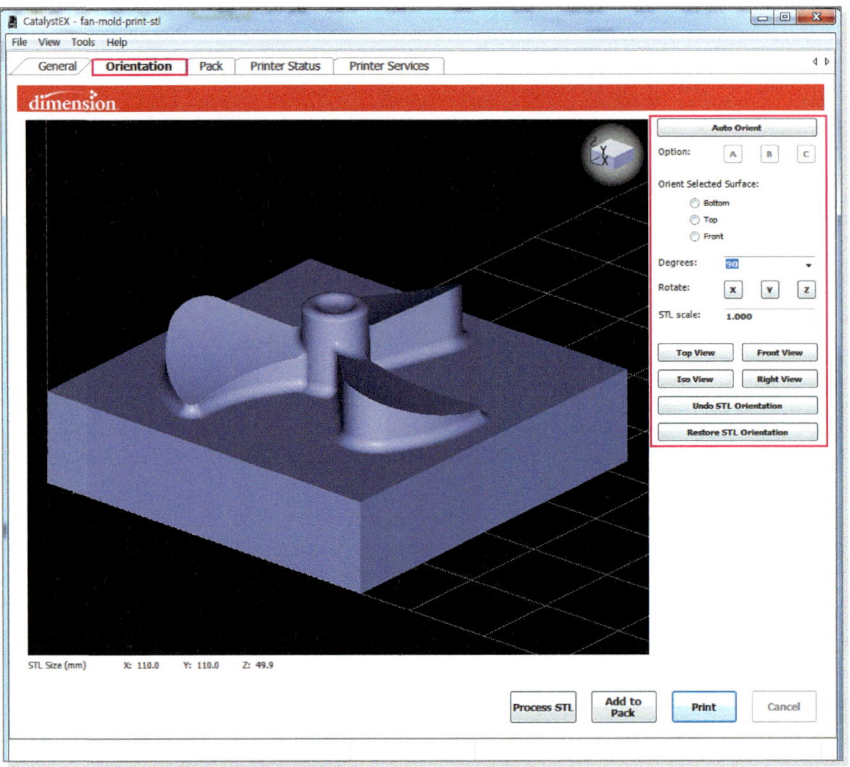

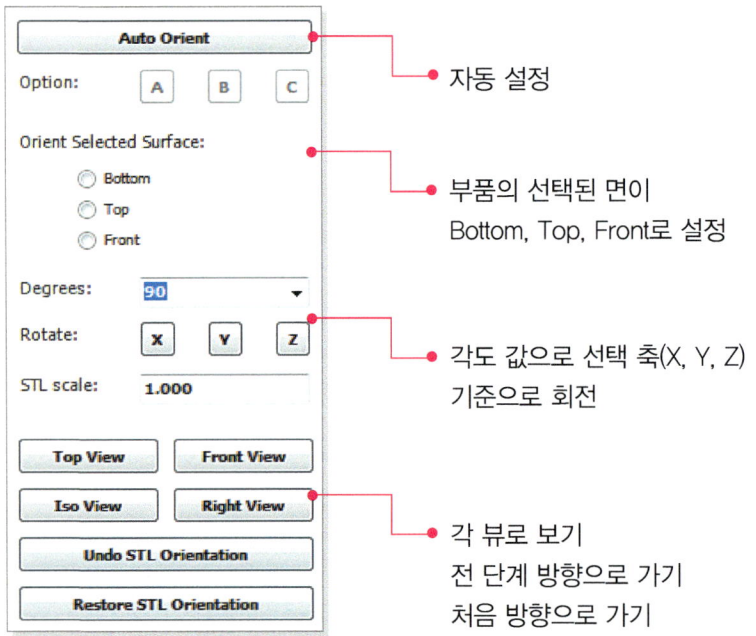

- 자동 설정
- 부품의 선택된 면이 Bottom, Top, Front로 설정
- 각도 값으로 선택 축(X, Y, Z) 기준으로 회전
- 각 뷰로 보기
  전 단계 방향으로 가기
  처음 방향으로 가기

▶ 부품의 방향은 사용 목적과 표면의 조도와 서포트 생성 위치 등을 고려하여 방향을 선정해야 한다. 방향에 따라 제품 품질과 생성 시간에 차이가 발생한다.

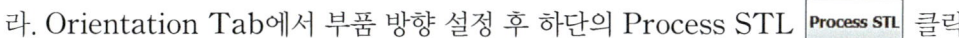

라. Orientation Tab에서 부품 방향 설정 후 하단의 Process STL  클릭

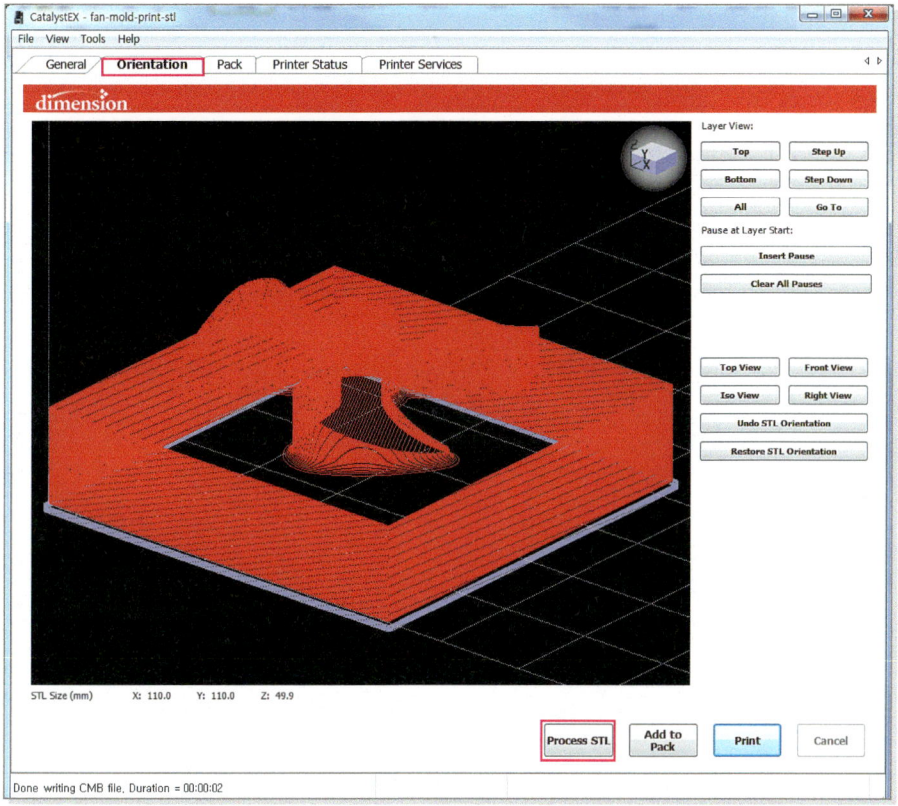

기본 설정된 적층 두께(0.254)로 슬라이싱 되어 G코드 작업을 진행한다.

빨간색은 모델 적층 형태, 보라색은 지지대 적층 형태를 보여준다.

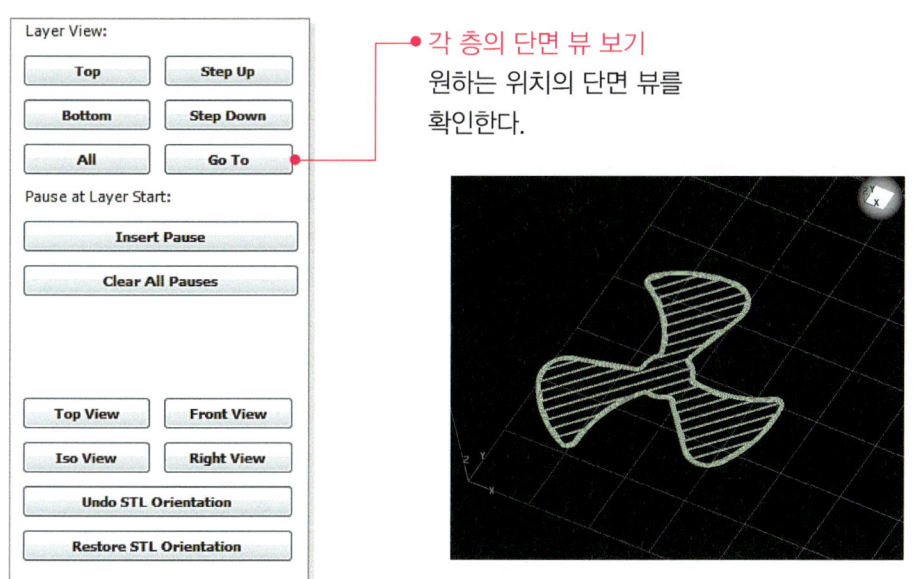

● 각 층의 단면 뷰 보기
원하는 위치의 단면 뷰를
확인한다.

마. Orientation Tab에서 Processing 설정 후 하단의 Add to Pack [Add to Pack] 클릭

바. Pack Tab으로 이동

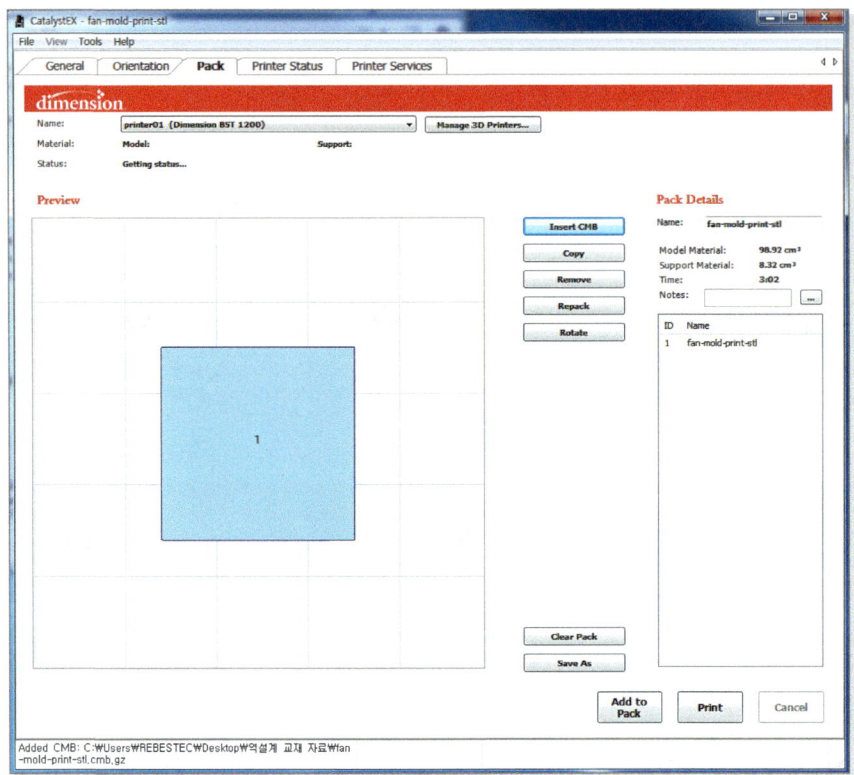

Pack(판)에 배치 설정, 여러 제품을 같이 배치 가능

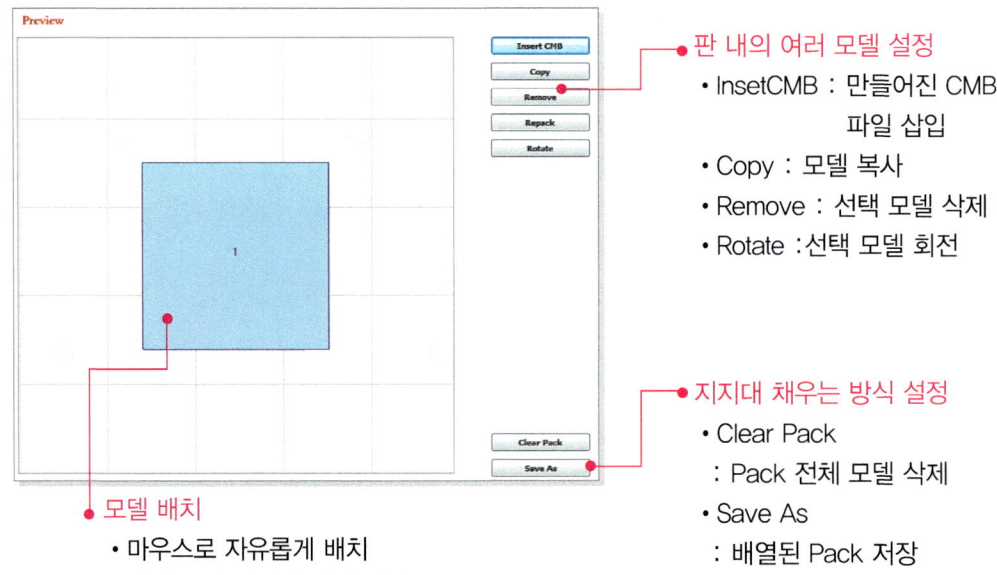

- 모델 배치
  - 마우스로 자유롭게 배치
  - 여러 모델 겹치지 않게 배치

- 판 내의 여러 모델 설정
  - InsetCMB : 만들어진 CMB 파일 삽입
  - Copy : 모델 복사
  - Remove : 선택 모델 삭제
  - Rotate : 선택 모델 회전

- 지지대 채우는 방식 설정
  - Clear Pack
    : Pack 전체 모델 삭제
  - Save As
    : 배열된 Pack 저장

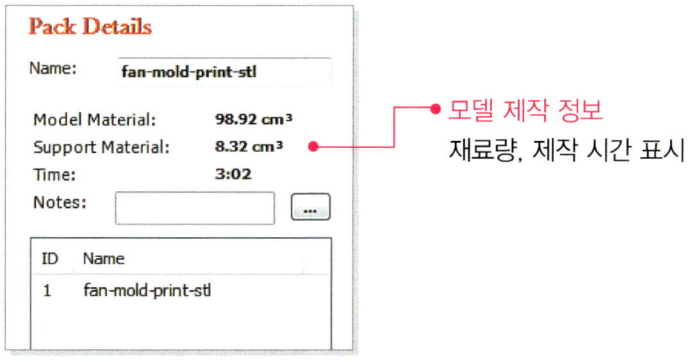

모델 제작 정보
재료량, 제작 시간 표시

사. Print 클릭

Printer로 설정한 데이터 전송

아. Printer Status Tab으로 이동

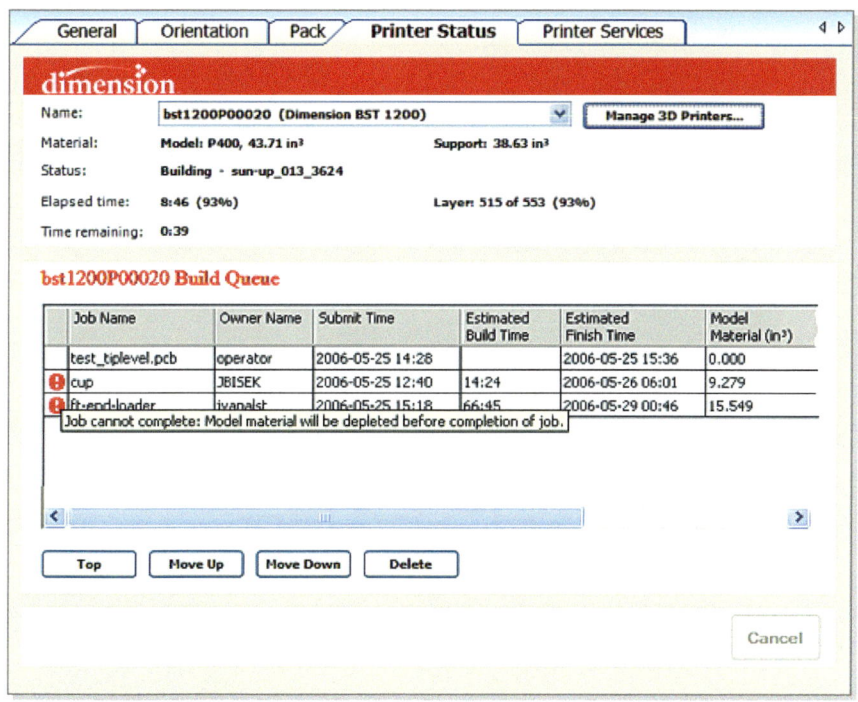

정보 확인

㉠ 제작 파일의 이름과 제작 시간, 재료량 확인

㉡ 제작 취소 시 Delete(삭제 클릭)

㉢ 제작줄에 물음표 표시 또는 노란색으로 되었을 시 재료 부족 및 장비 이상일 수 있다

5. 프린터 설정 및 프린팅 하기

(1) 프린터 준비

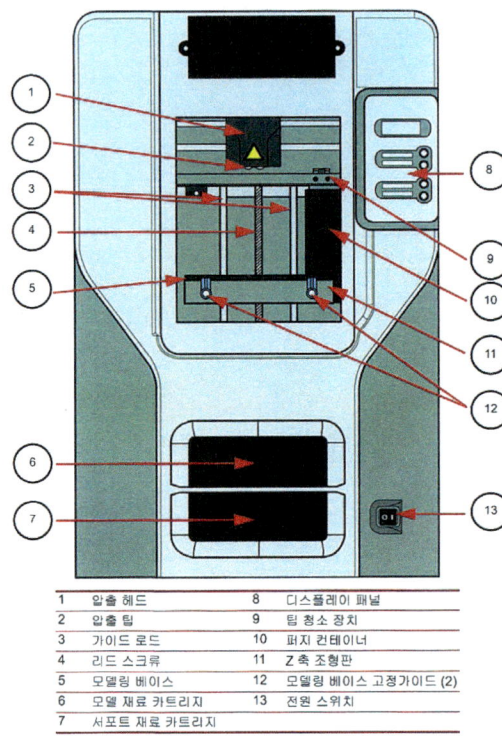

❶ 장비 켜기

: 전원 켜고 Idle 시간 소요

❷ 베이스 삽입 후 고정 가이드 고정

❸ 재료량 확인

1	압출 헤드	8	디스플레이 패널
2	압출 팁	9	팁 청소 장치
3	가이드 로드	10	퍼지 컨테이너
4	리드 스크류	11	Z축 조형판
5	모델링 베이스	12	모델링 베이스 고정가이드 (2)
6	모델 재료 카트리지	13	전원 스위치
7	서포트 재료 카트리지		

(2) 프린팅 시작

CatalysEX 프로그램에서 데이터를 보내면 표시된 Start Model이 깜빡거리는 것을 확인 후 버튼을 클릭한다.

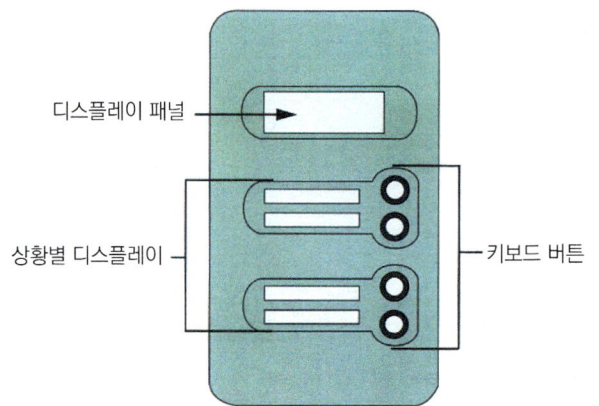
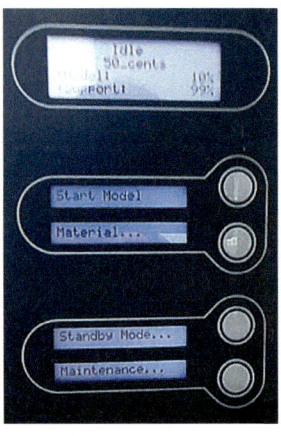

프린팅 진행

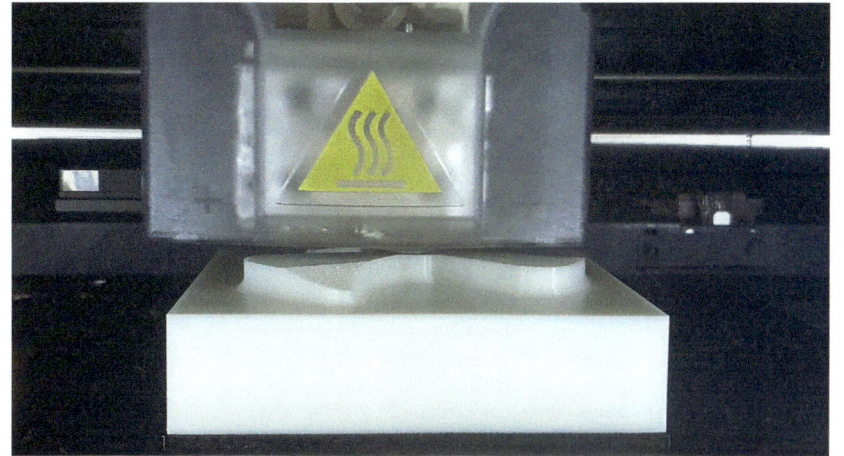

(3) 모델 탈거

프린팅 완료 후 베이스 탈거 후 모델을 분리한다.

(4) 지지대 제거

- Dimension SST는 수용성 재료 지지대를 사용하므로 녹이는 세척기에 담으면 수 시간 내에 녹는다.
- 세척기 : 온도 60~70도 유지 및 와류 발생
- 수용성 용액(수산화나트륨) 첨가

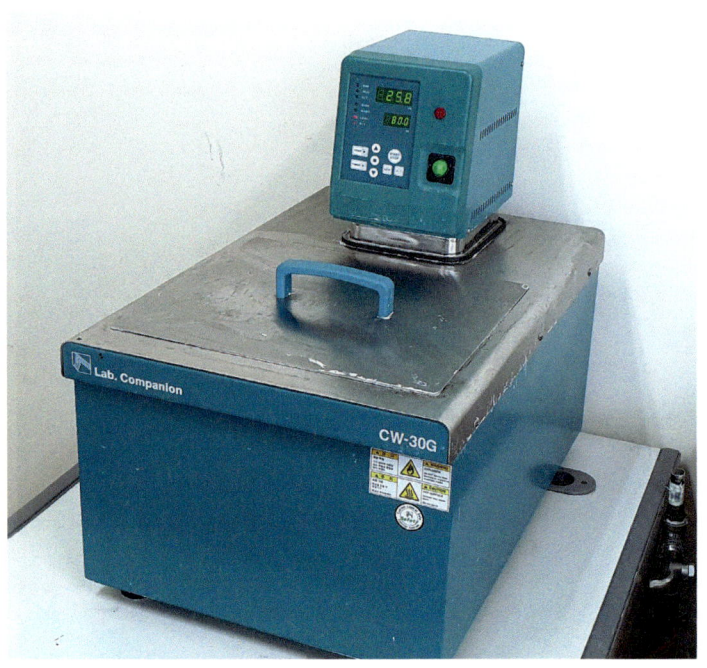

(5) 프린팅 완료

PART IV

Appendix

부록

Chapter 01
NX를 이용한 역설계 따라하기

Chapter 02
레이저 스캐너 DS-2030 사용법

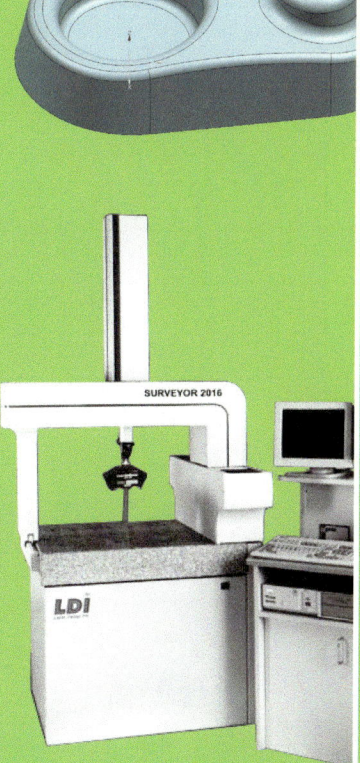

제1장 NX를 이용한 역설계 따라하기

1. Solid 모델링

(1) 스캔데이터 불러오기

File > Import > Stl... 기능으로 스캔데이터 경로 설정 후 OK 클릭

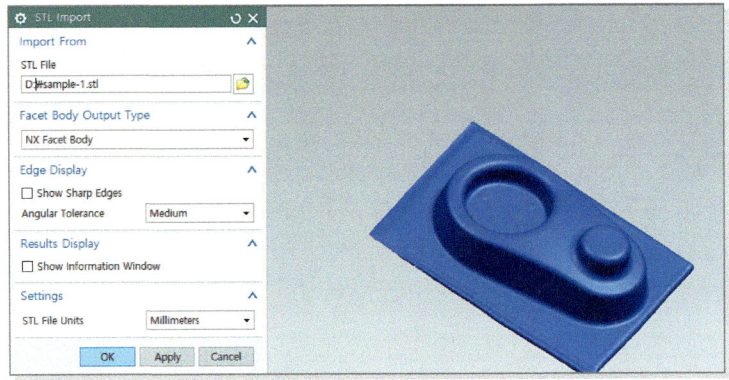

스캔데이터 형상은 측면 형상을 스케치하고 윗면을 생성해 트림하고 필렛 처리한다

(2) 정렬(Alignment) 하기

❶ 영역 구분하기

Reverse Engineering 탭 > Analysis 그룹 > Facet Body Curvature 실행

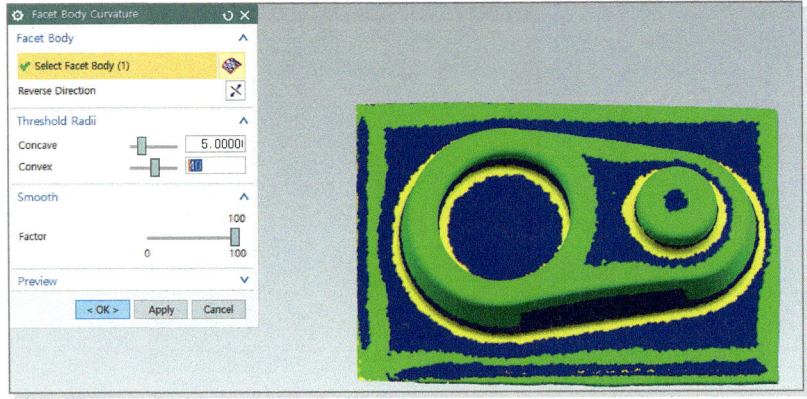

> 스캔데이터 선택한 후, Concave : 5, Convex : 40 입력

Reverse Engineering 탭 > Construction 그룹 > Fit surface 실행

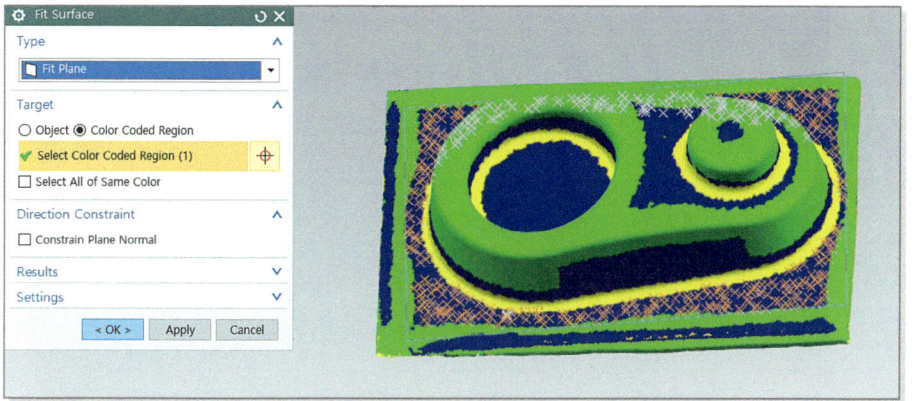

> Type은 Fit Plane 선택, 바닥면 파란색 선택 후, 면 생성

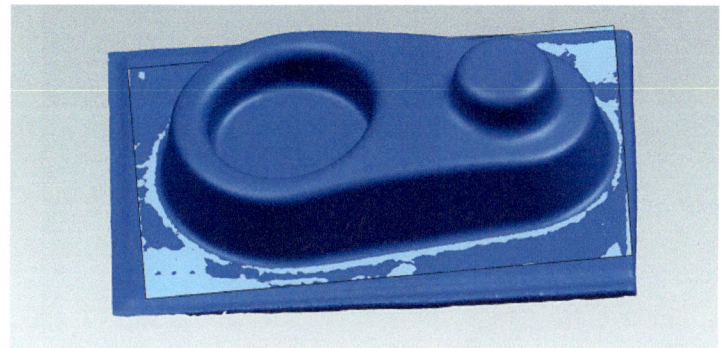

❷ 평면 정렬

Menu > Edit > Move Object 실행

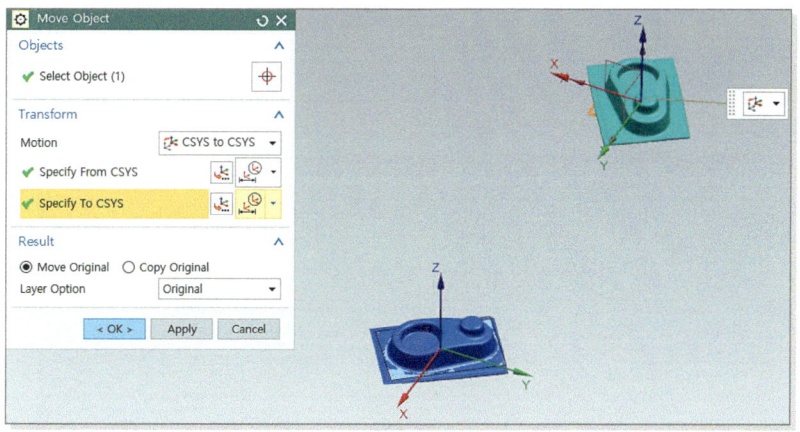

제1장 NX를 이용한 역설계 따라하기 | 113

▶ 스캔데이터 선택 후, Transform Motion은 CSYS to CSYS 선택, 만들어진 평면 선택 후 기준 좌표의 ZC 평면 선택

▶ 스캔데이터가 평면으로 ZC 평면에 정렬된다. 하지만 X, Y방향은 정렬이 안된 상태다.

❸ 축 정렬

Curve 탭 > Derived Curve 그룹 > Section Curve 실행

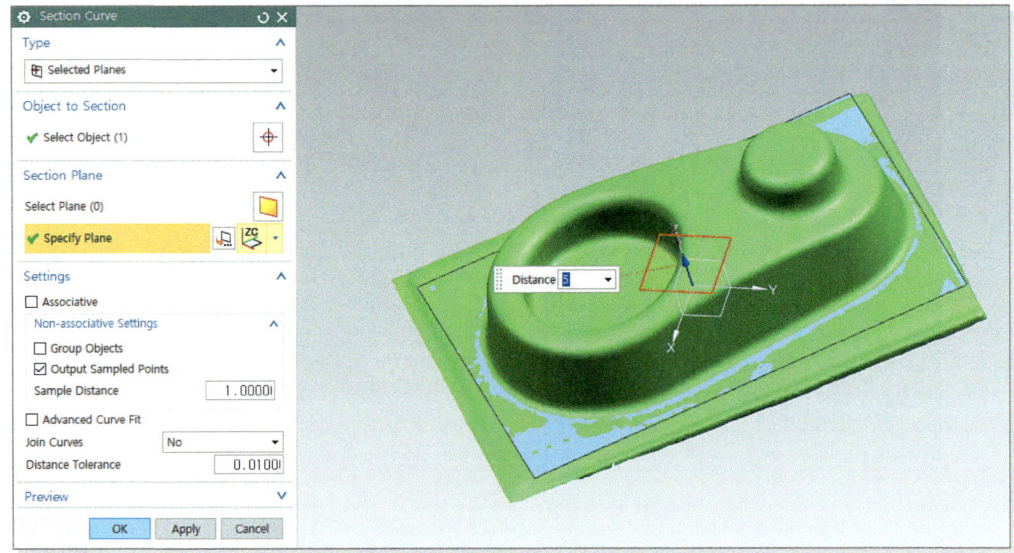

▶ Type은 Selected Plane 선택, 스캔데이터 선택 후 Section Plane은 ZC 평면 선택 후 5mm 위치 지정한다.

▶ Associative(연관성) 해제, Output Sampled Points 체크 후 Distance 1 지정

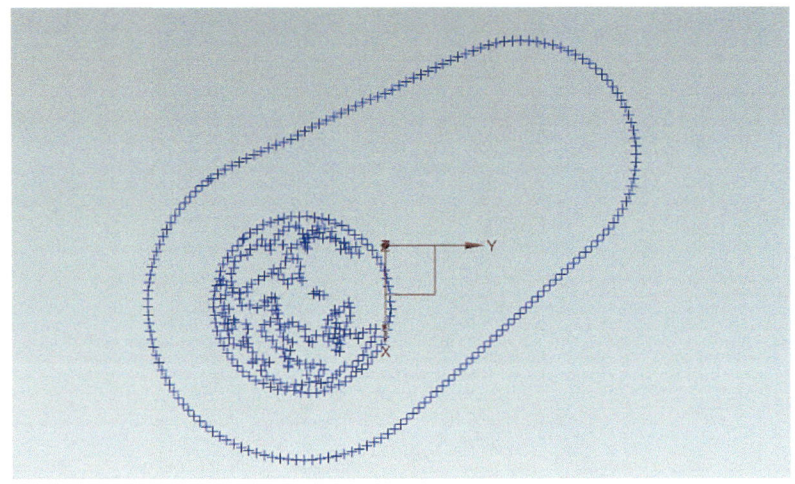

Curve 탭 > Curve 그룹 > Fit Curve 실행

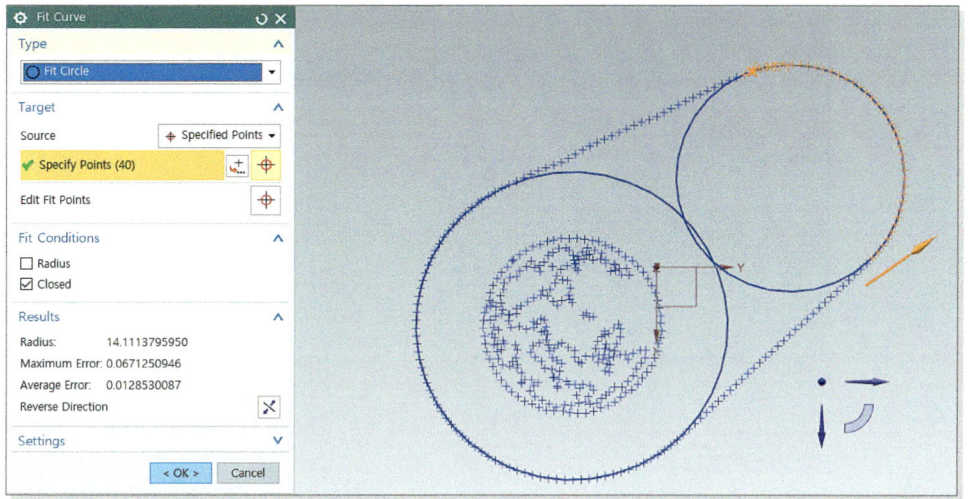

▶ Type에서 Fit Curve를 선택하고 외곽에 두 개의 circle을 그린다.

Curve 탭 > Curve 그룹 > Line 실행

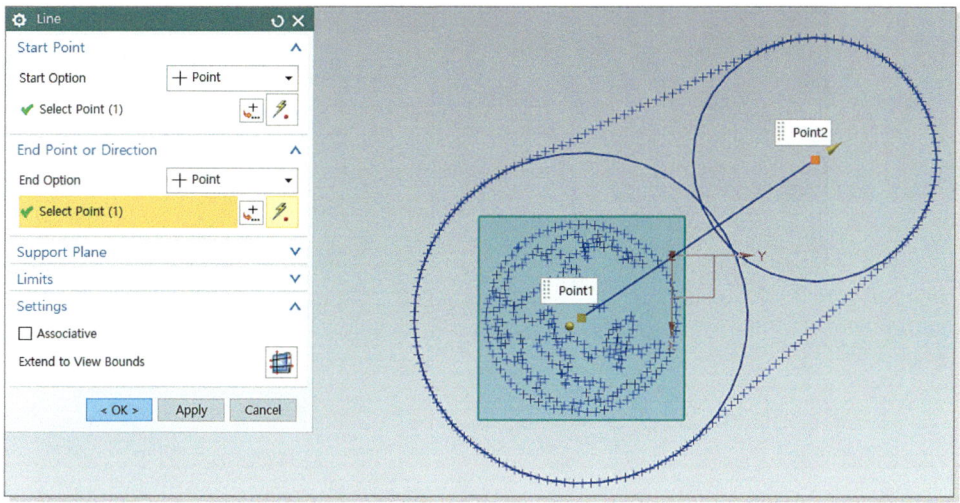

▶ 두 개 원의 중심을 연결하여 시작점과 끝 점을 그린다.

Curve 탭 > Derived Curve 그룹 > Project Curve 실행

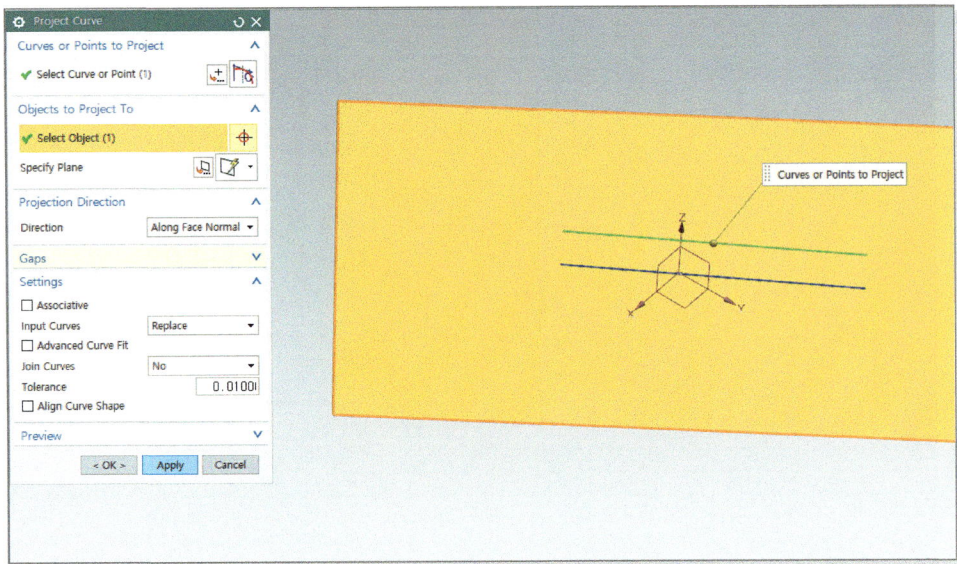

▶ 커브를 선택하고, 바닥 평면을 선택하여 투영시킨다. Associative(연관성) 해제하고 Input Curve 옵션에서 Replace를 선택한다.

Menu > Insert > Datum/point > Datum CSYS 실행 : 평면, 선, 점을 이용하여 좌표 축 생성

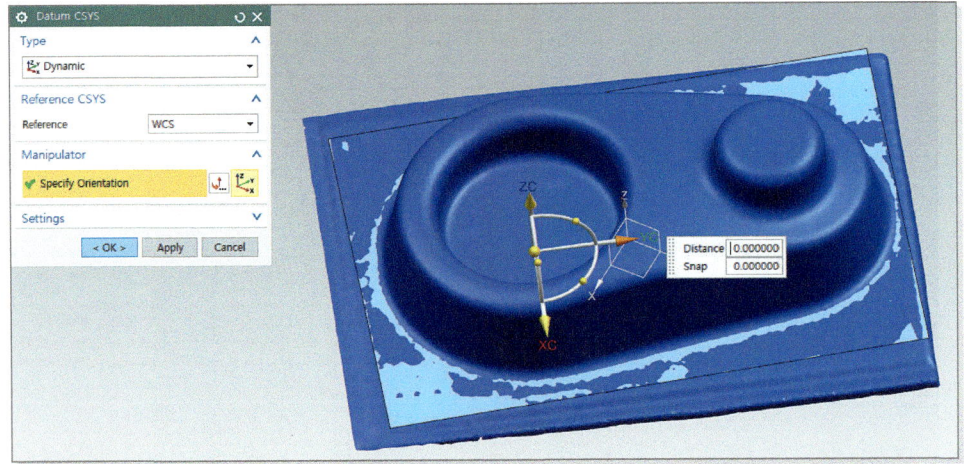

▶ Dynamic 축의 원점을 선택하고, 만든 Line의 끝점을 선택하고, Dynamic 축의 Y축을 선택하고, Line을 선택하면 좌표가 만들어진다.

Menu〉Edit〉Move Object 실행

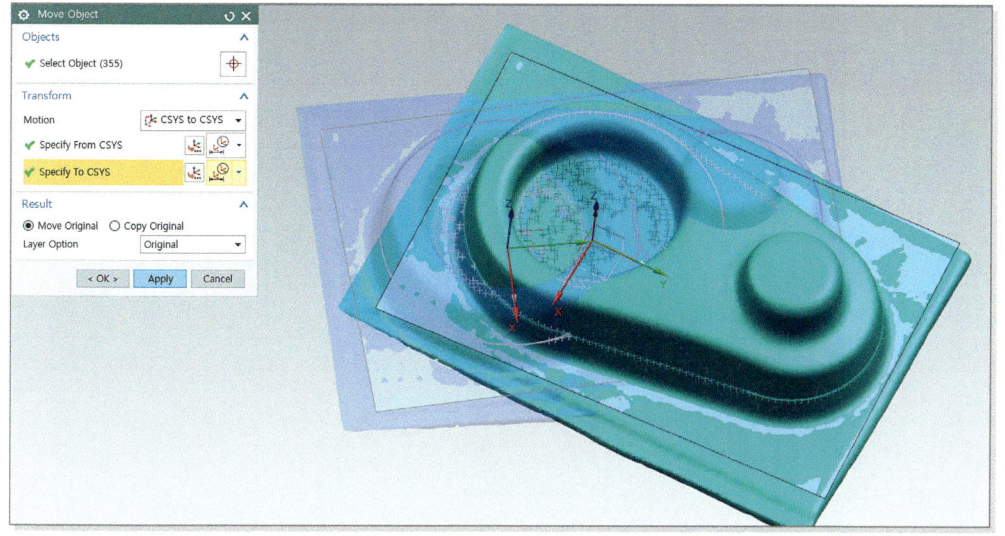

▶ 스캔데이터 및 Line, Circle, Point 선택하고, Transform Motion은 CSYS to CSYS 선택, 만들어진 좌표축 선택 후 기준 좌표축 선택

좌표축 정렬

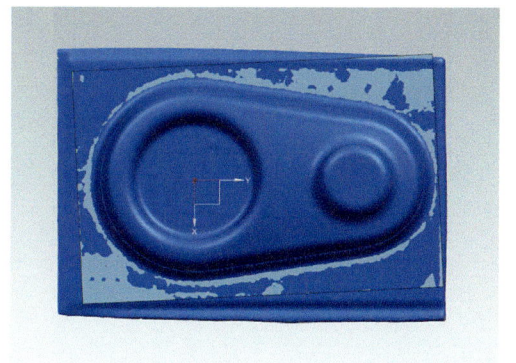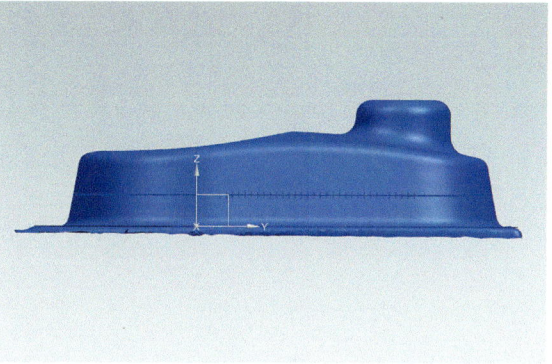

(3) 측면 만들기

❶ Curve 그리기

정렬을 하기 위해 단면 Point와 커브를 스캔데이터와 같이 정렬했다면, 모델링 진행에 사용할 수 있지만, 삭제하였거나 스캔데이터와 같이 정렬이 안 되었다면 다시 과정을 거쳐야 한다.

제1장 NX를 이용한 역설계 따라하기 | 117

Curve 탭 > Curve 그룹 > Line 실행

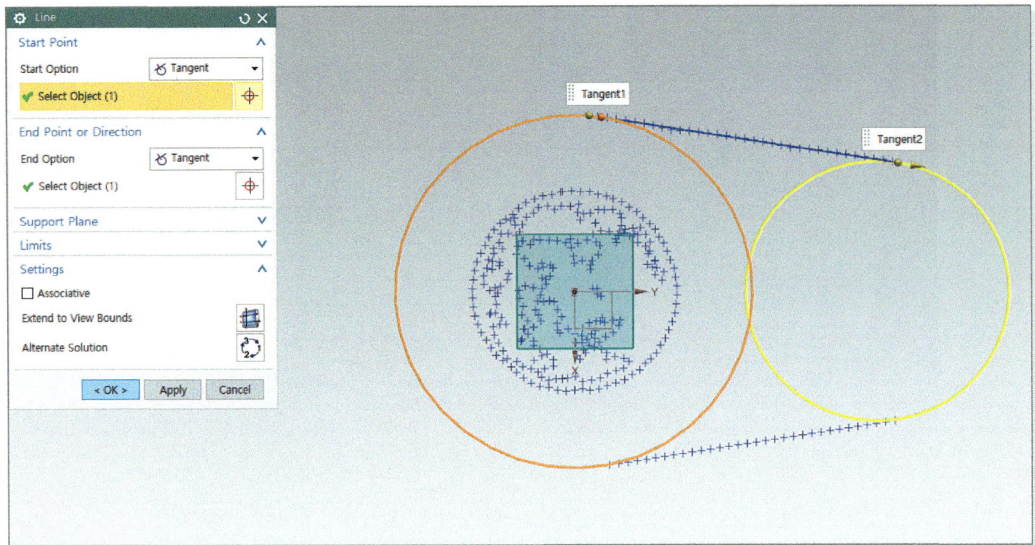

▶ 시작점과 끝점을 두 개의 Circle을 Tangent로 선택하여 Line을 생성한다.

Curve 탭 > Edit Curve 그룹 > Curve Trim 실행

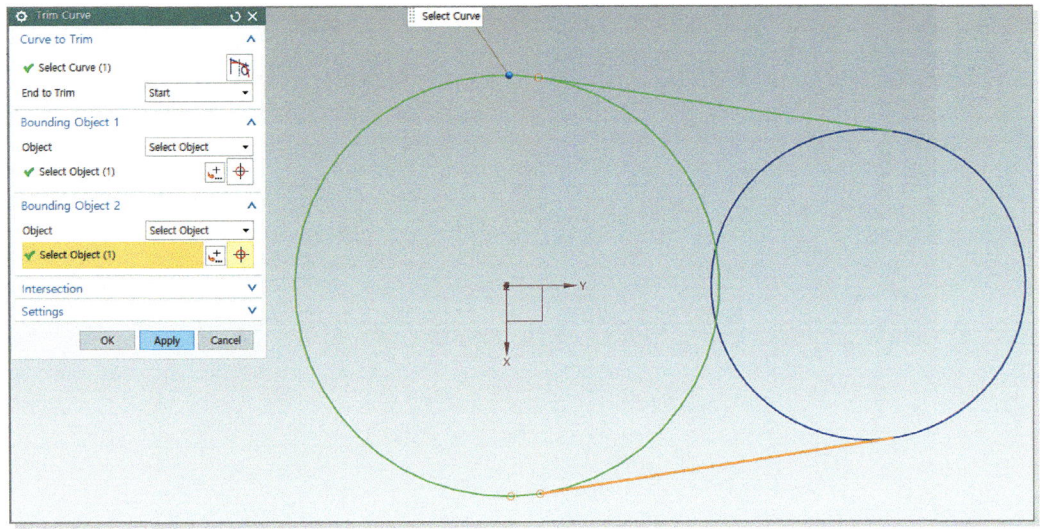

▶ 트림 대상을 Circle을 선택하고, 경계는 직선 두 개를 선택한다.

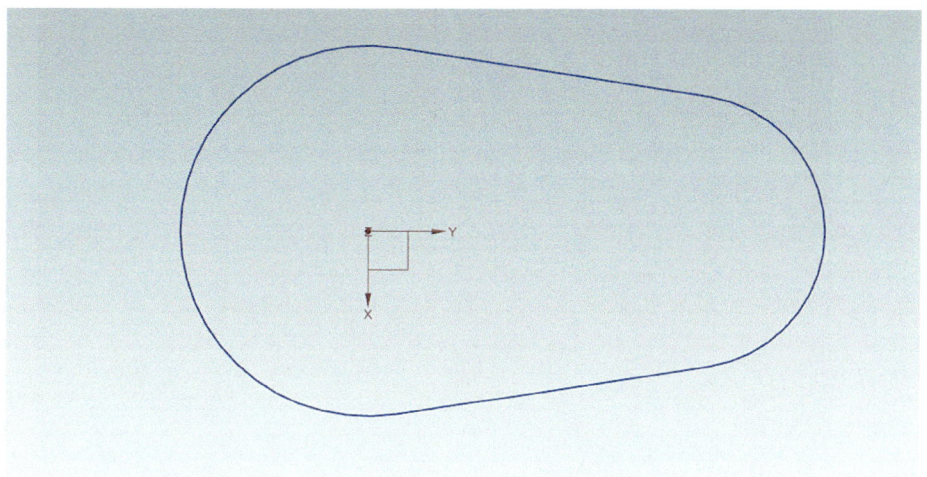

❷ Extrude(돌출) 하기

Home탭 > Feature 그룹 > Extrude 실행

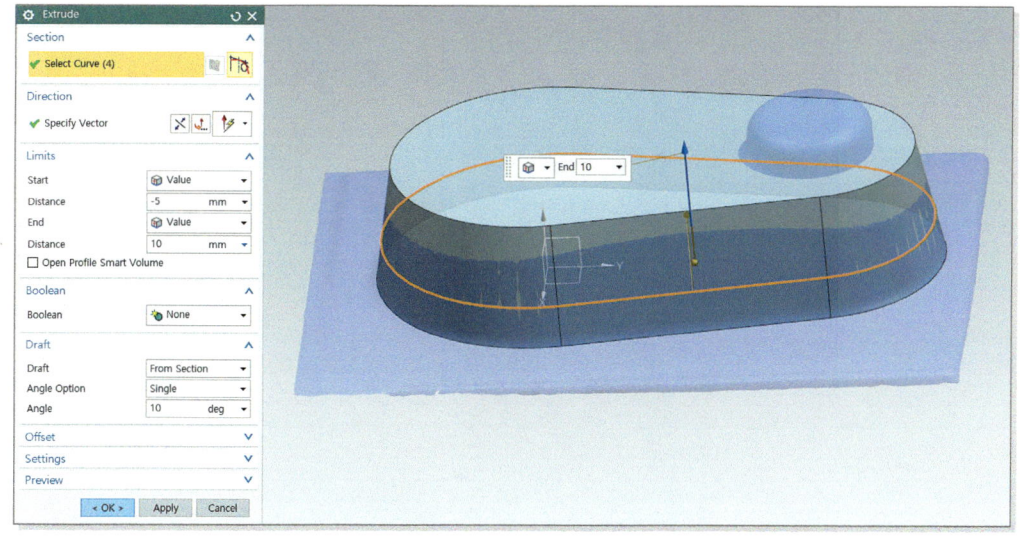

▶ Curve를 선택하고, 돌출량을 –5mm 에서 10mm로 하고, 구배를 10도 준다.
구배량은 스캔데이터에 맞추어 준다.

(4) 윗면 만들기

❶ 단면 커브 만들기

Curve 탭 > Derived Curve 그룹 > Section Curve 실행

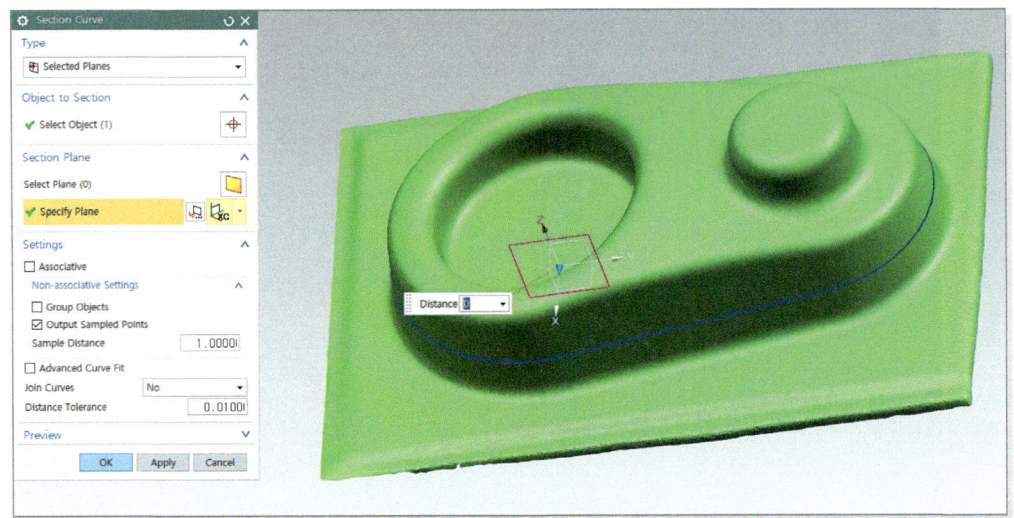

- ▶ Type은 Selected Plane 선택, 스캔데이터 선택 후 Section Plane은 XC 평면 선택
- ▶ Associative(연관성) 해제, Output Sampled Points 체크 후 Distance 1 지정

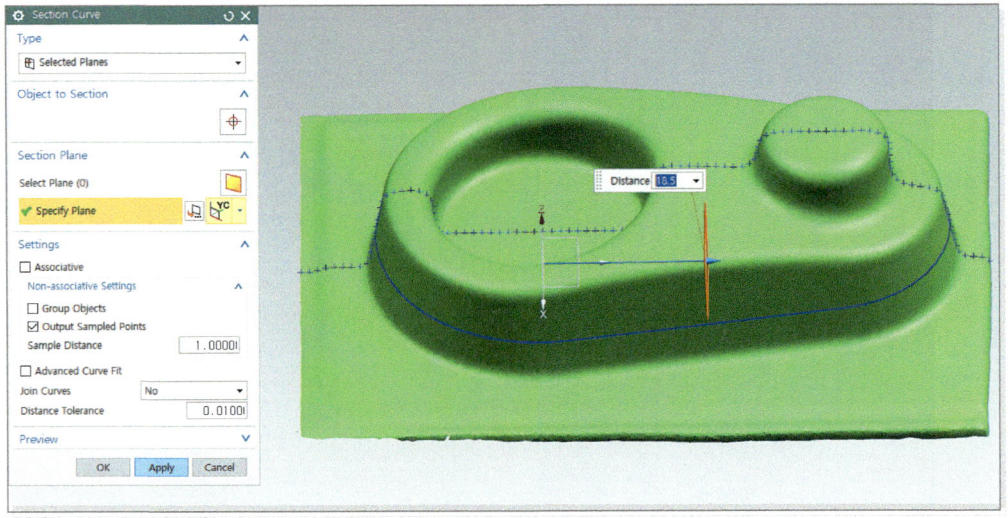

- ▶ Type은 Selected Plane 선택, 스캔데이터 선택 후 Section Plane은 YC 평면 선택 후 18.5 mm 위치 지정.
- ▶ Associative(연관성) 해제, Output Sampled Points 체크 후 Distance 1 지정

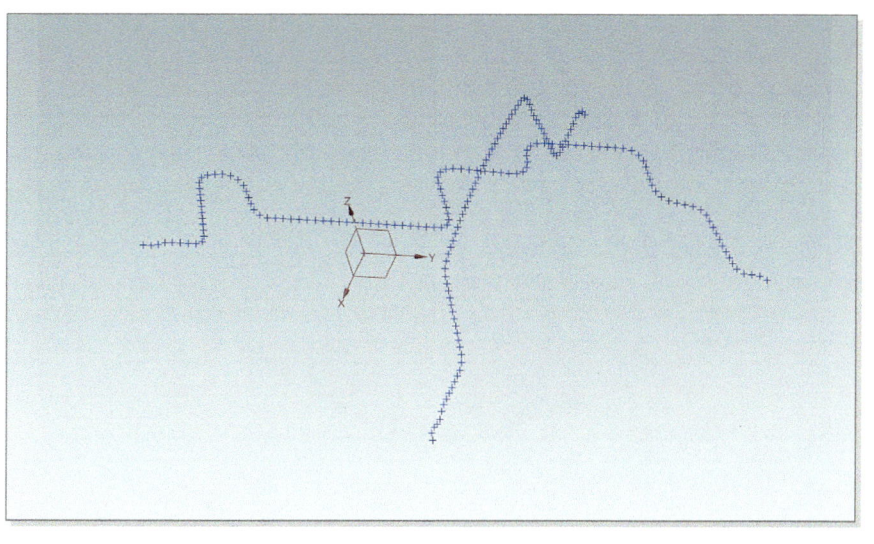

Curve 탭 > Curve 그룹 > Fit Curve 실행

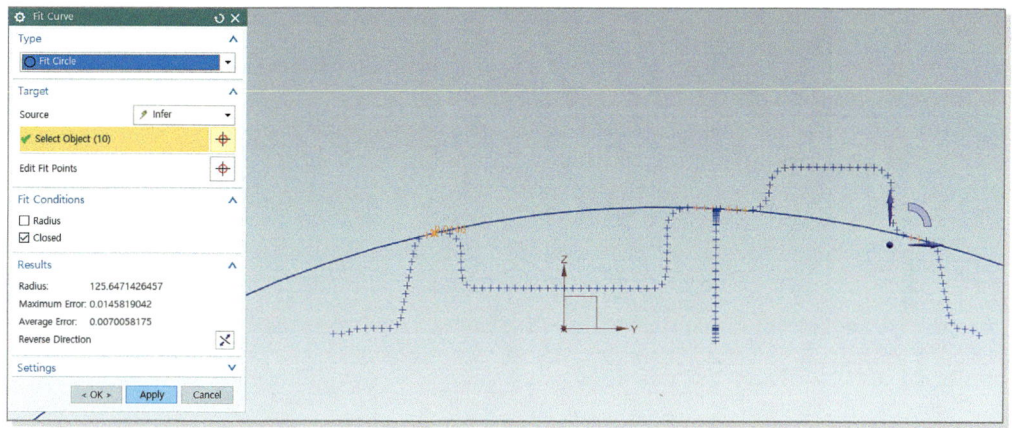

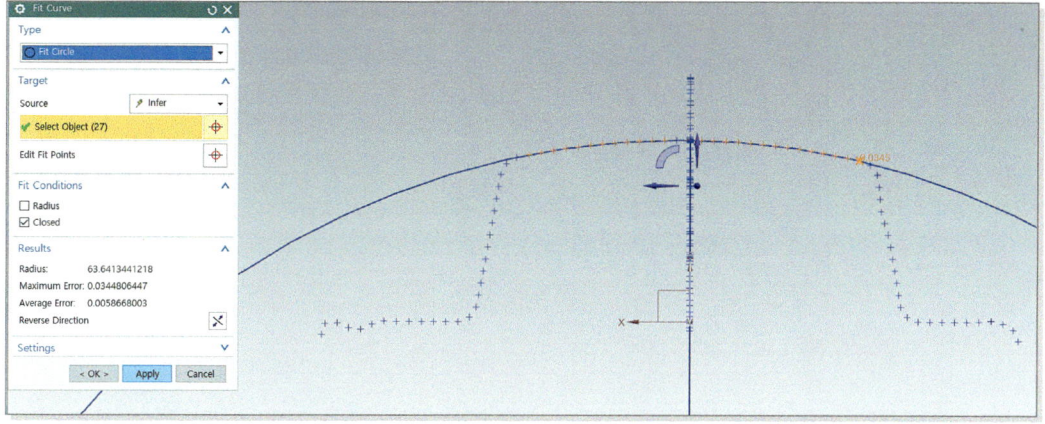

▶ Type을 Fit Curve 선택하고, 가운데 circle을 그린다.

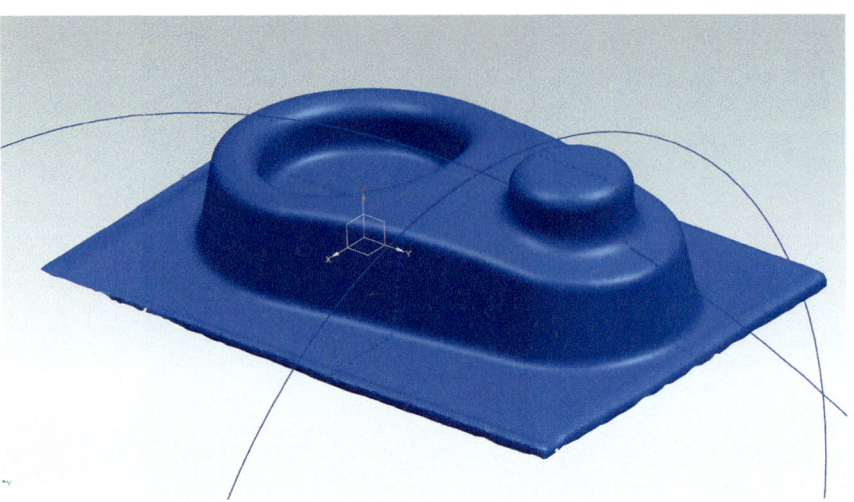

❷ 커브 Trim

Curve 탭 > Edit Curve 그룹 > Curve Trim 실행

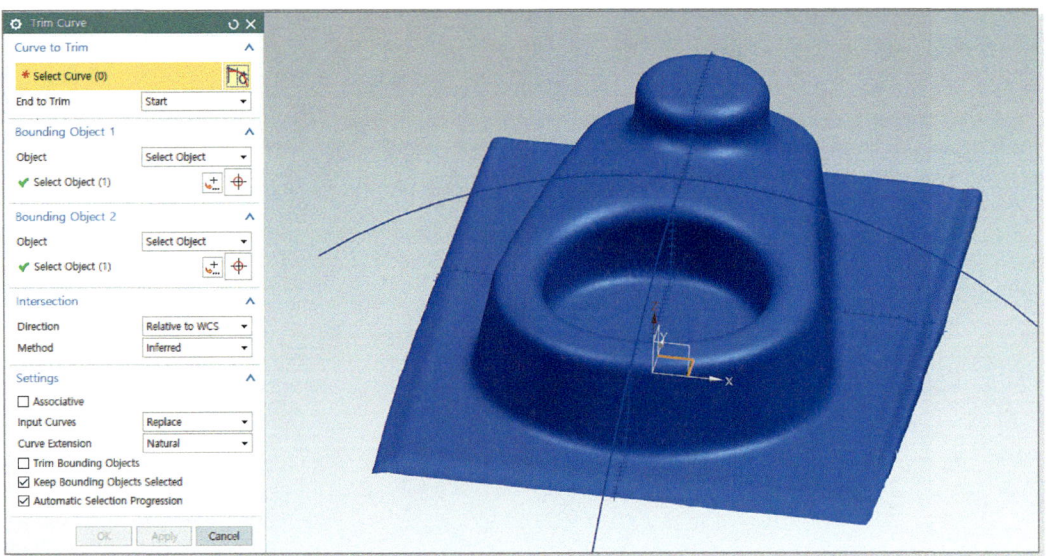

▶ 트림 대상을 Circle을 선택하고, 경계는 ZC평면을 선택한다.

❸ Surface 생성

Surface 탭 > Surface 그룹 > Swept 실행

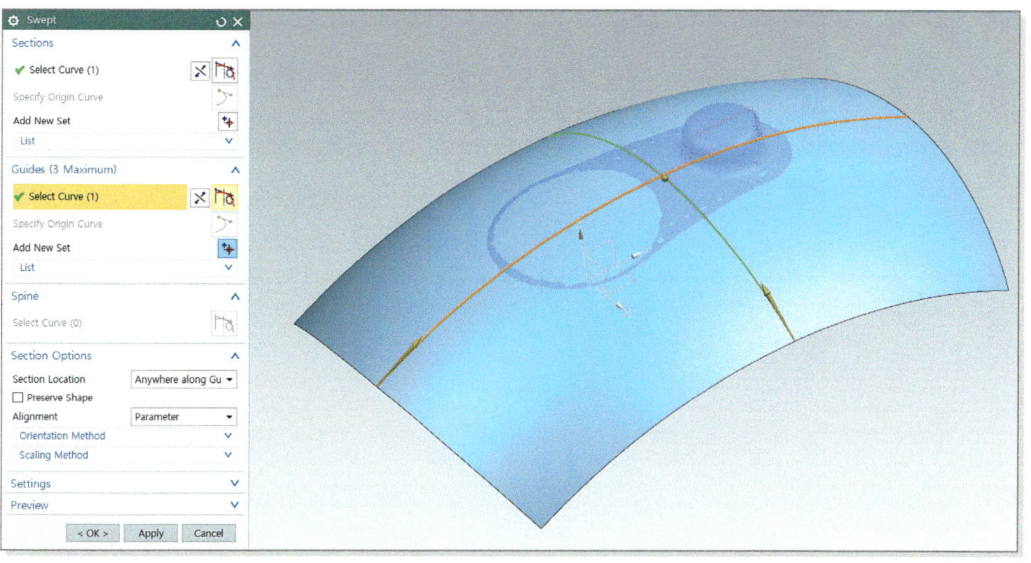

▶ Section은 가로 커브를 선택하고, Guides는 길이 방향 커브를 선택한다.

❹ 측면 솔리드 윗면 Trim

Surface 탭 > Surface Operations 그룹 > Trim Body 실행

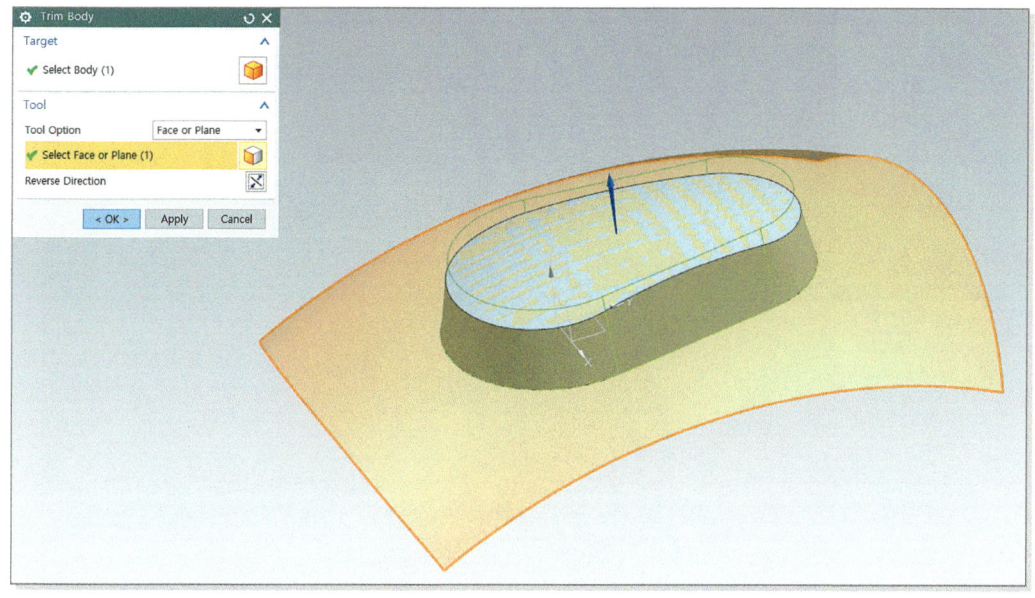

▶ Target은 솔리드 바디를 선택하고, Tool은 윗면 곡면을 선택한다.

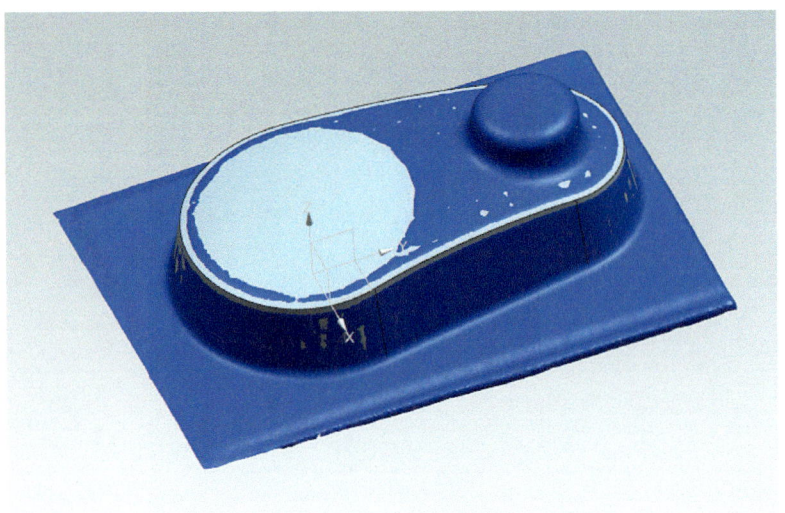

(5) 포켓 및 보스 만들기

❶ 단면 커브 만들기

Curve 탭 > Derived Curve 그룹 > Section Curve 실행

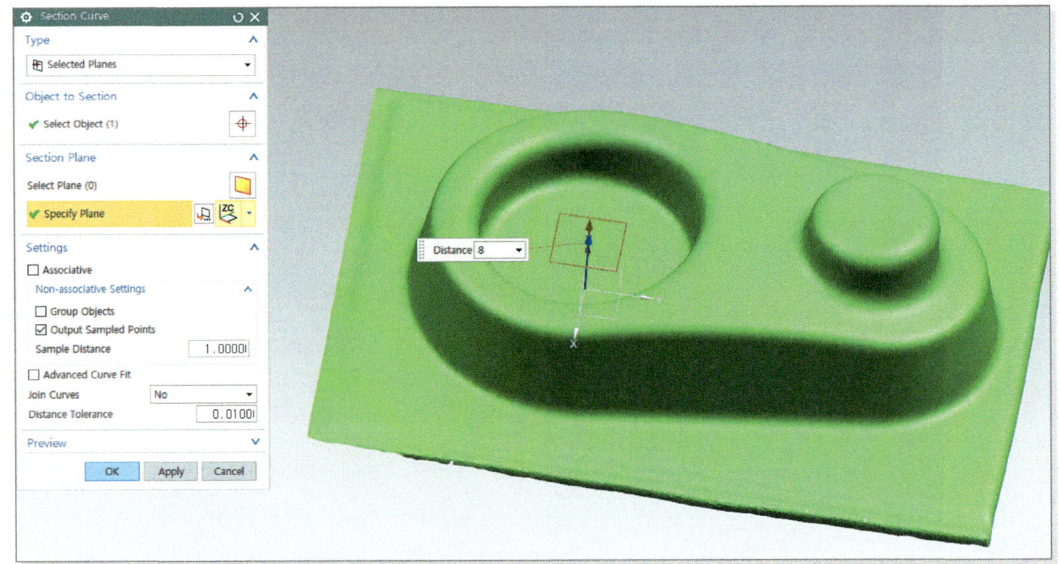

▶ Type은 Selected Plane 선택, 스캔데이터 선택 후 Section Plane은 ZC 평면 선택
8mm 위치 지정

▶ Associative(연관성) 해제, Output Sampled Points 체크 후 Distance 1 지정

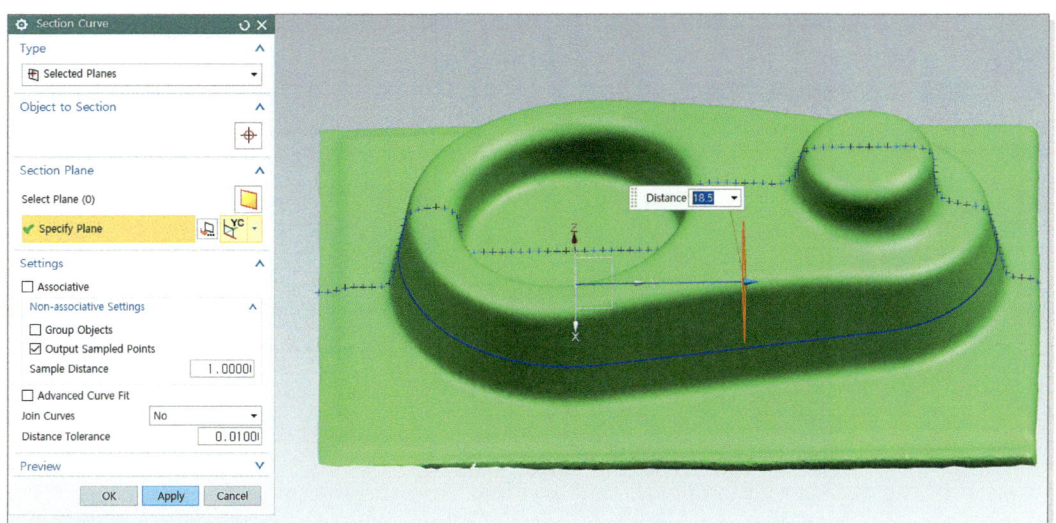

- Type은 Selected Plane 선택, 스캔데이터 선택 후 Section Plane은 ZC 평면 선택 8mm 위치 지정
- Associative(연관성) 해제, Output Sampled Points 체크 후 Distance 1 지정

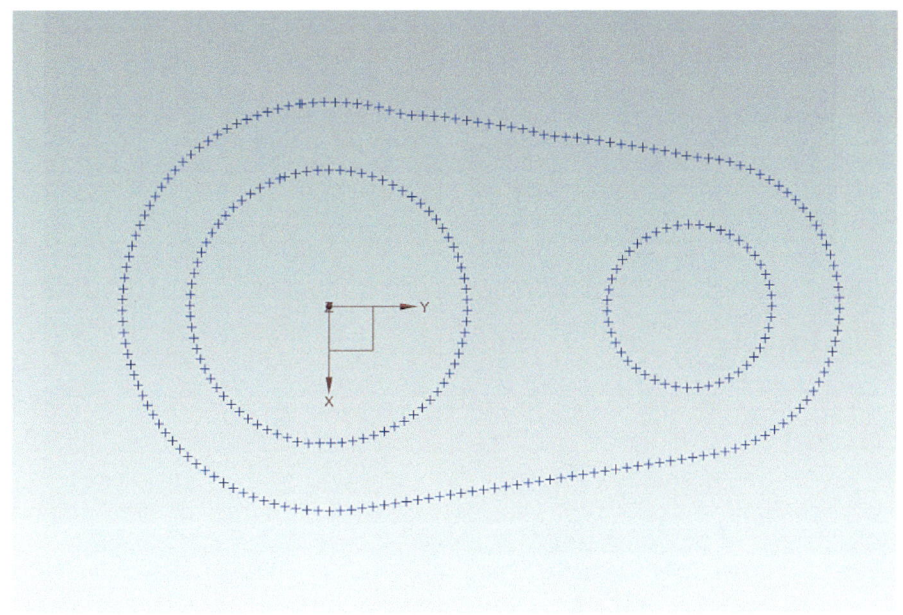

Curve 탭 > Curve 그룹 > Fit Curve 실행

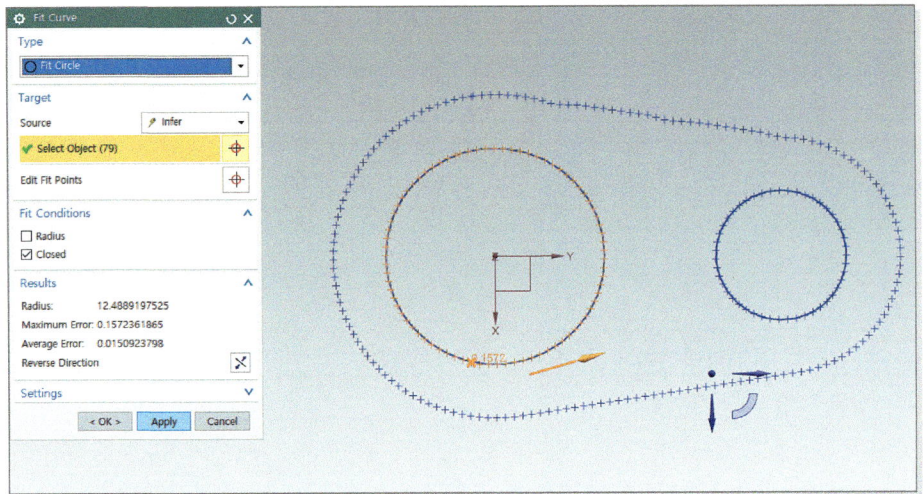

▶ Type을 Fit Curve 선택하고, 포켓과 보스 circle을 그린다.

❷ Extrude(돌출) 하기

돌출량 측정 : 기존 단면 포인트를 이용하여 높이 측정

　　Analysis탭 > Meature 그룹 > Measure Distance 실행

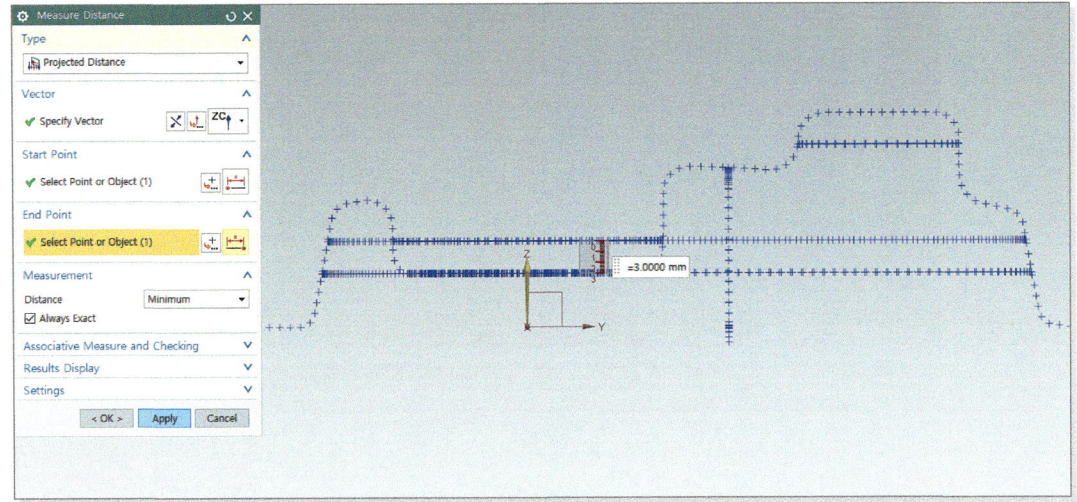

▶ Type은 Projected Distance 선택, Vector는 Z축 선택, 시작점은 포켓의 보스의 단면 위치에서 끝점은 포켓의 바닥면, 보스의 윗면을 선택한다.

▶ 포켓 단면에서의 깊이 3mm, 보스 단면에서의 높이 3mm

Home탭 > Feature 그룹 > Extrude 실행

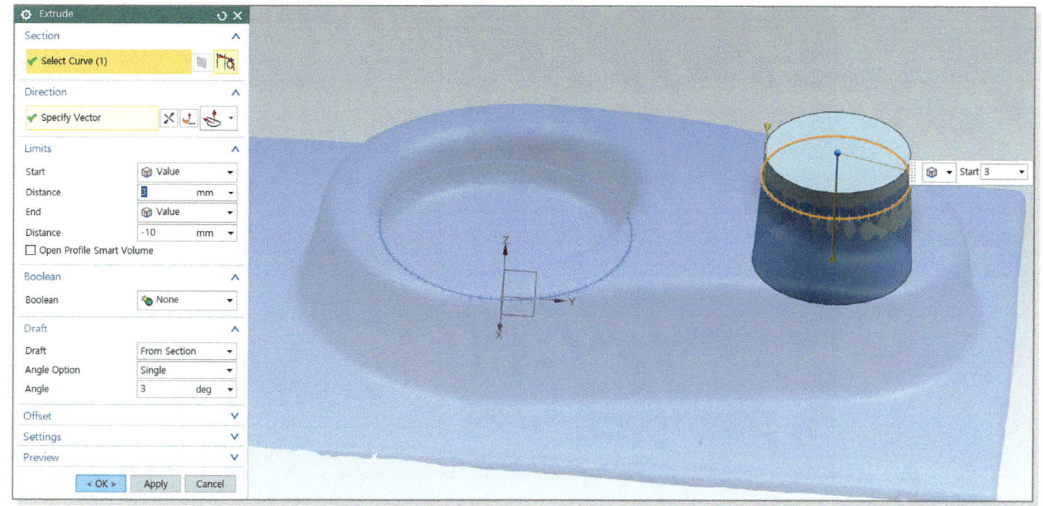

▶ Curve를 선택하고, 돌출량을 3mm 에서 -10mm로 하고, 구배를 3도 준다. 구배량은 스캔데이터에 맞추어 준다.

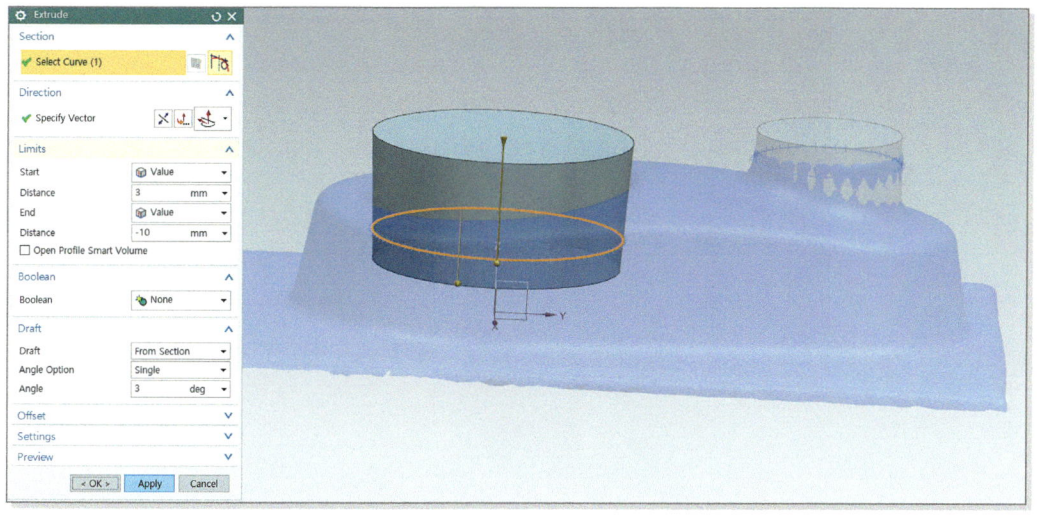

▶ Curve를 선택하고, 돌출량을 3mm 에서 -10mm로 하고, 구배를 3도 준다. 구배량은 스캔데이터에 맞추어 준다.

(6) 합치기, 빼기

Home탭 > Feature 그룹 > Unite 실행

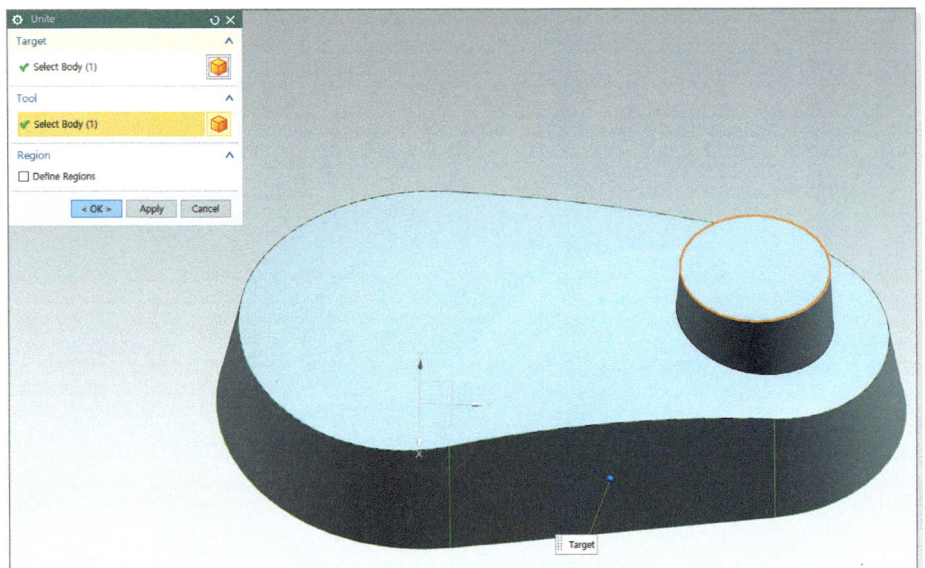

▶ Target은 본체 솔리드 선택, Tool은 보스 돌출 선택

Home탭 > Feature 그룹 > Subtract 실행

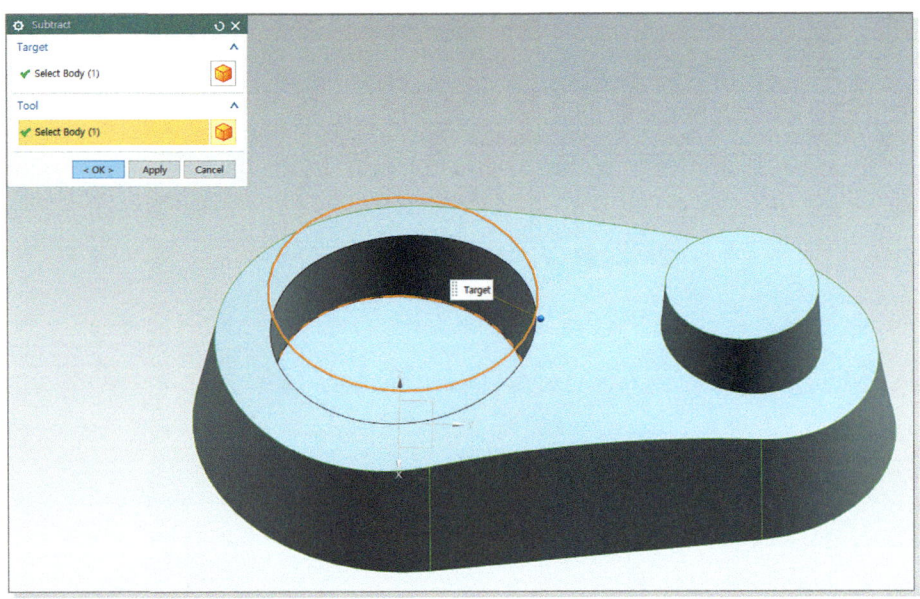

▶ Target은 본체 솔리드 선택, Tool은 포켓 돌출 선택

(7) 필렛 처리

Curve 탭 > Curve 그룹 > Fit Curve 실행 : 기본 단면 Point에서 R값 측정

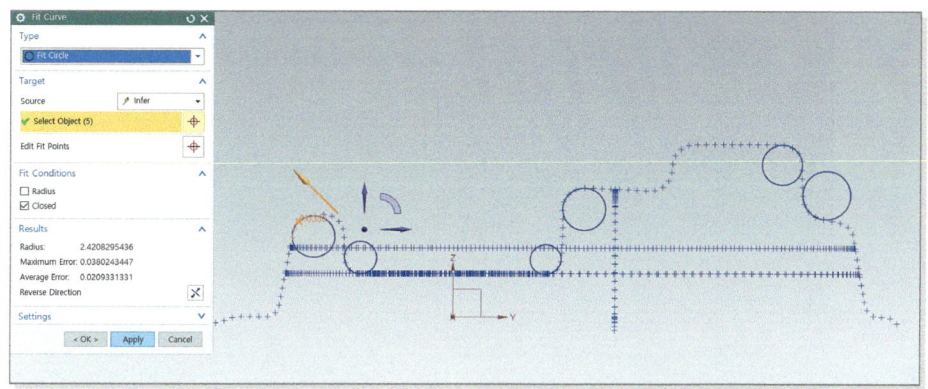

▶ Type을 Fit Curve 선택하고, R값을 측정 할 Point를 선택하여 Circle을 그린다.

Analysis탭 > Meature 그룹 > Simple Radius 실행

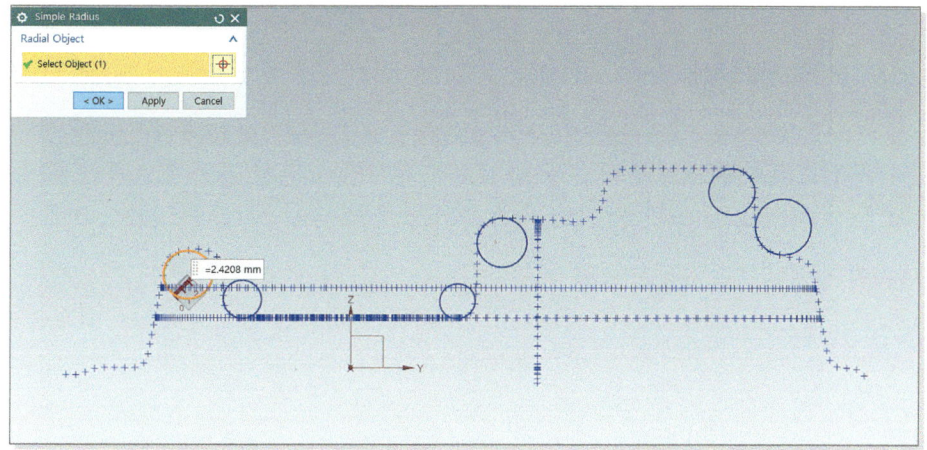

Home탭 > Feature 그룹 > Edge Blend 실행

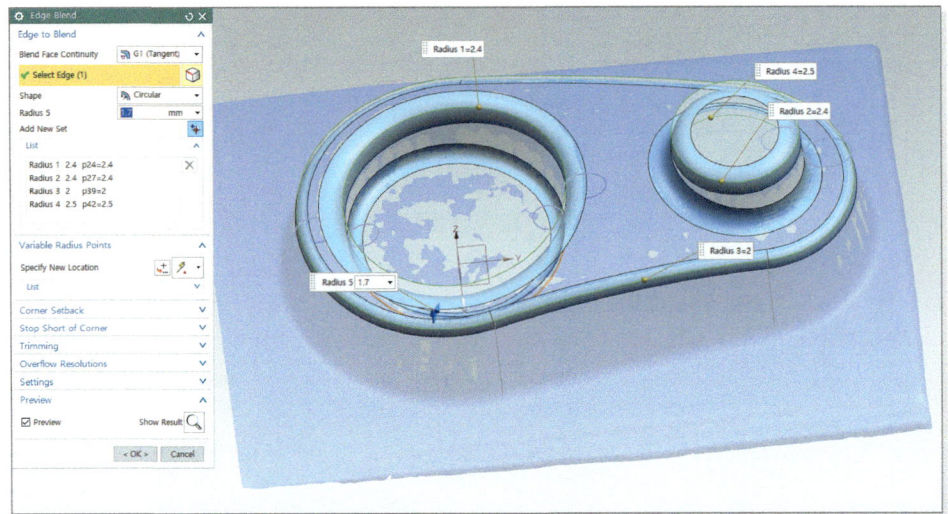

▶ 전 단계에서 측정한 R값 입력 후 필렛 처리

(8) 모델링 완성

(9) 편차 측정

스캔데이터와 모델링의 오차를 비교함

Reverse Engineering 탭 > Analysis 그룹 > Deviation Gauge 실행

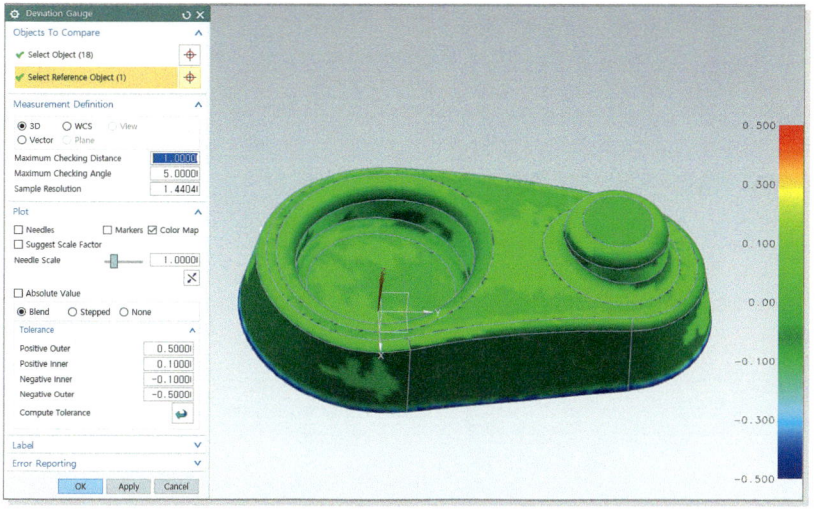

> Select Object : 모델링 데이터 드래그로 선택, Reference Object : 스캔 데이터 선택, Plot : Color Map 선택, Tolerance 값 ±0.1~ 1.0 설정
> 결과 녹색으로 나타나 모델링이 스캔데이터와 차이가 ± 0.1 안에 들어오는 것을 확인할 수 있다. 만약 오차가 크다면 모델링 수정 필요함

2. 자유 형상 Surface 모델링

(1) 스캔데이터 불러오기

File > Import > Stl...기능으로 스캔데이터 경로 설정 후 OK

스캔데이터 형상은 바닥면을 제외한 5면이 자유 곡면으로 되어 있어 곡면 작업으로 기본 면 작업 후 필렛 처리한다.

(2) 스캔데이터 영역 구분하기

Reverse Engineering 탭 > Analysis 그룹 > Facet Body Curvature 실행

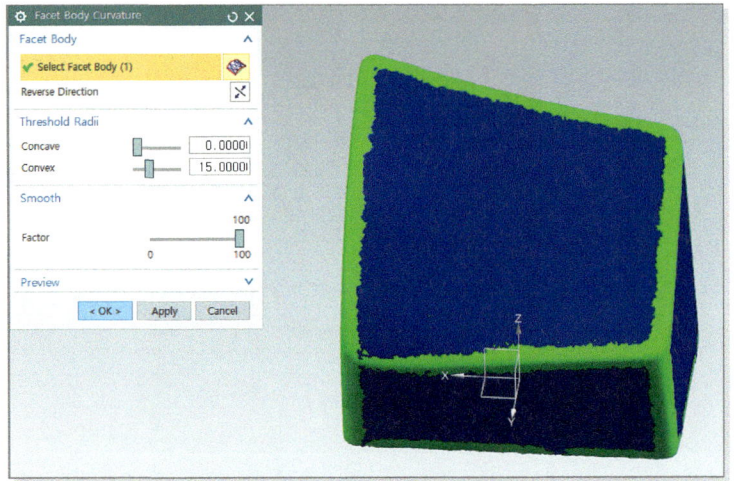

> 표시된 설정 값으로 설정 후 ok 클릭

(3) Fit Surface 생성

Reverse Engineering 탭 > Construction 그룹 > Fit surface 실행

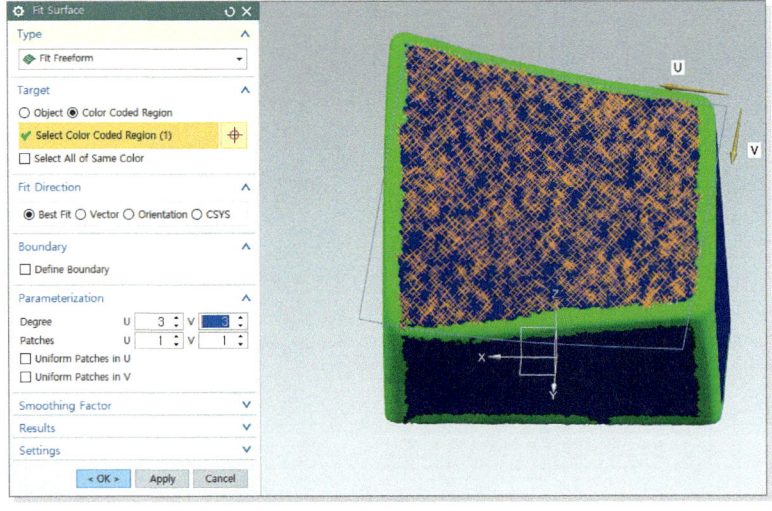

> 표시된 설정 값으로 설정 후 OK 클릭

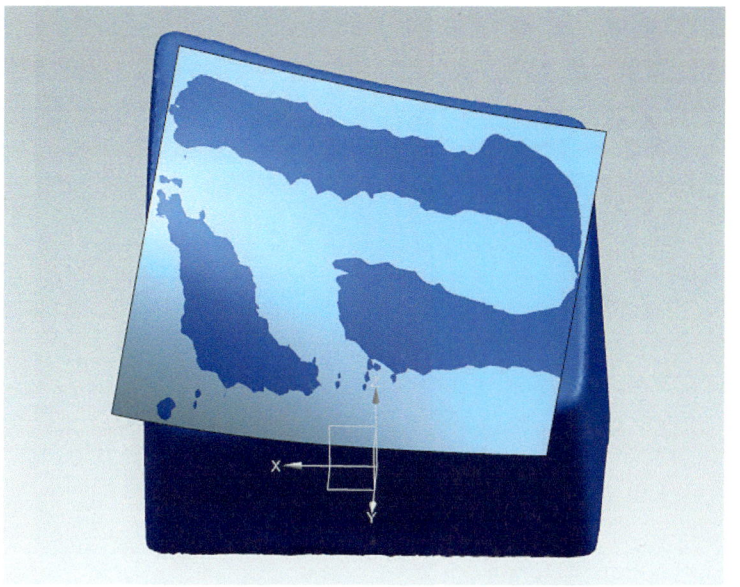

(4) 면 늘리기

Surface 탭 > Edit Surface 그룹 > Enlarge 실행

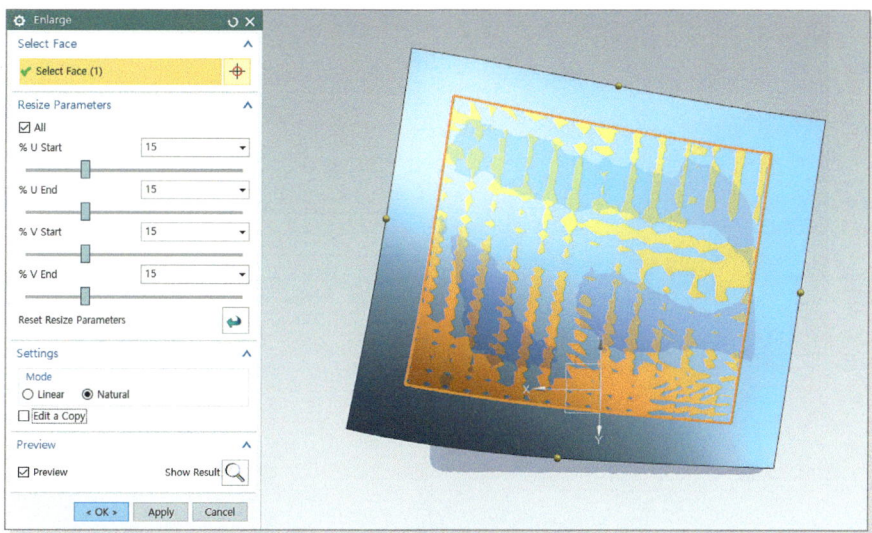

▶ Surface 선택 후 면 모서리의 구형상 마우스로 움직여 면 늘리기
▶ 치수 값을 입력해도 되며, Edit a Copy 체크 해제

(5) 면 미세 수정하기

면 데이터와 스캔데이터 오차가 큰 부분 수정

Surface 탭 > Edit Surface 그룹 > X-form 실행

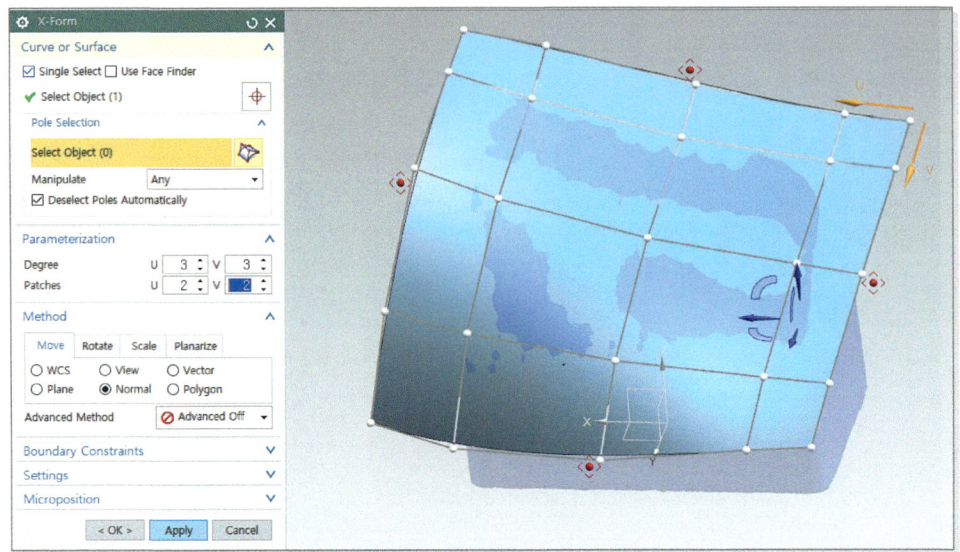

- 표시된 설정 값으로 설정
- 면 선택 후 컨트롤 포인트 및 로우를 마우스로 움직여 수정

(6) 윗면 완성

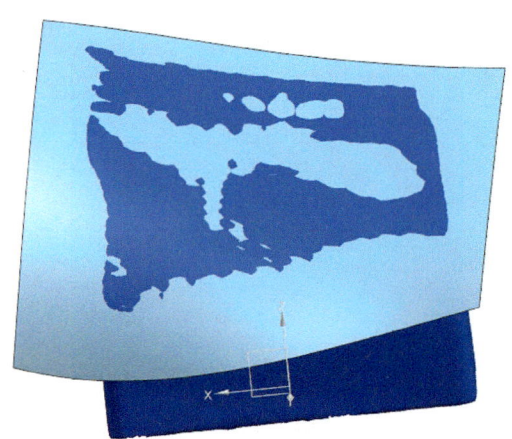

(7) 측면 만들기

(3)~(5)와 같은 방법으로 면 생성

Reverse Engineering 탭 > Construction 그룹 > Fit surface 실행

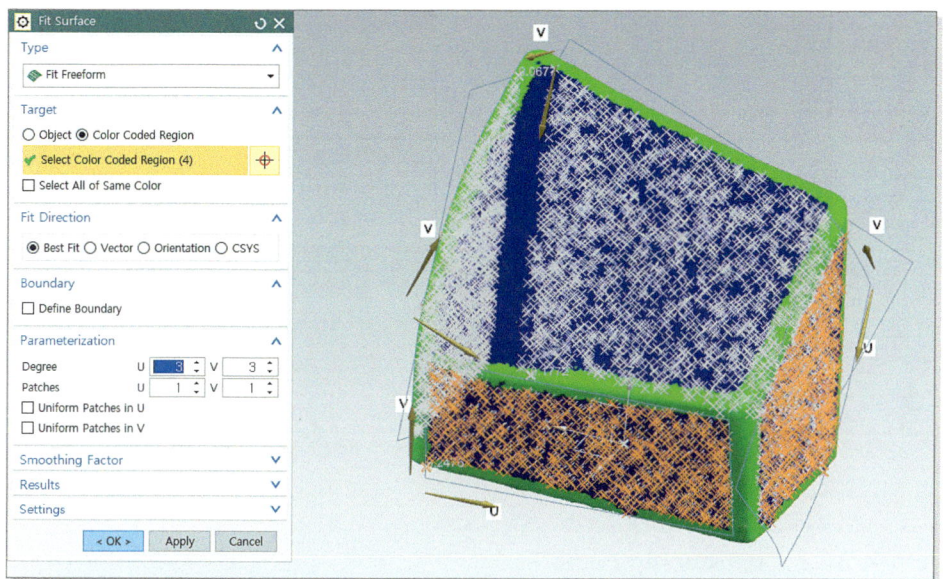

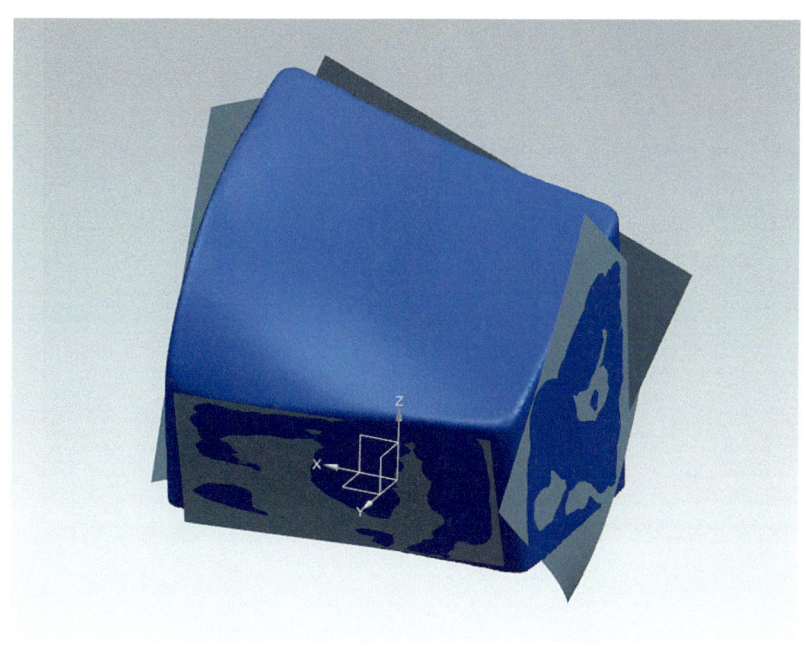

Surface 탭 > Edit Surface 그룹 > Enlarge 실행

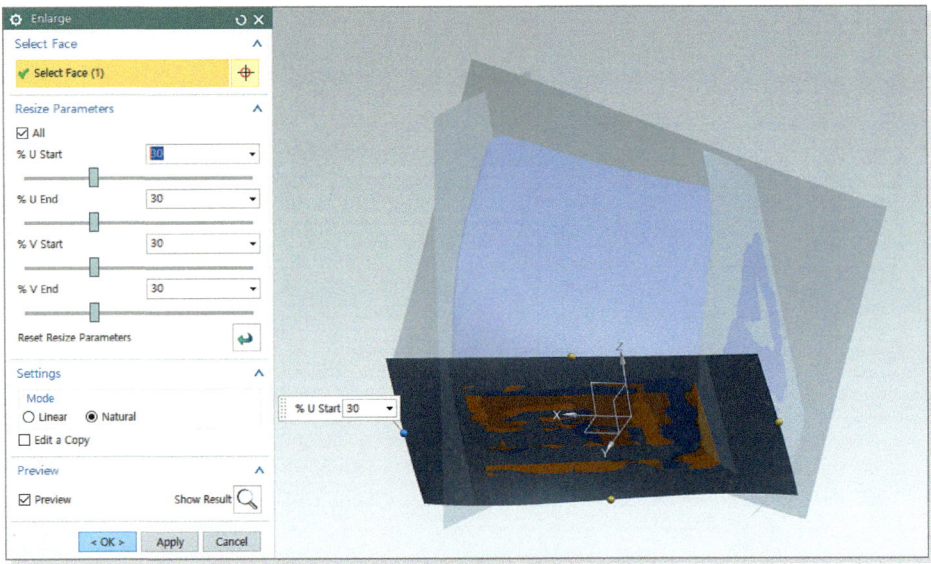

Surface 탭 > Edit Surface 그룹 > X-form 실행

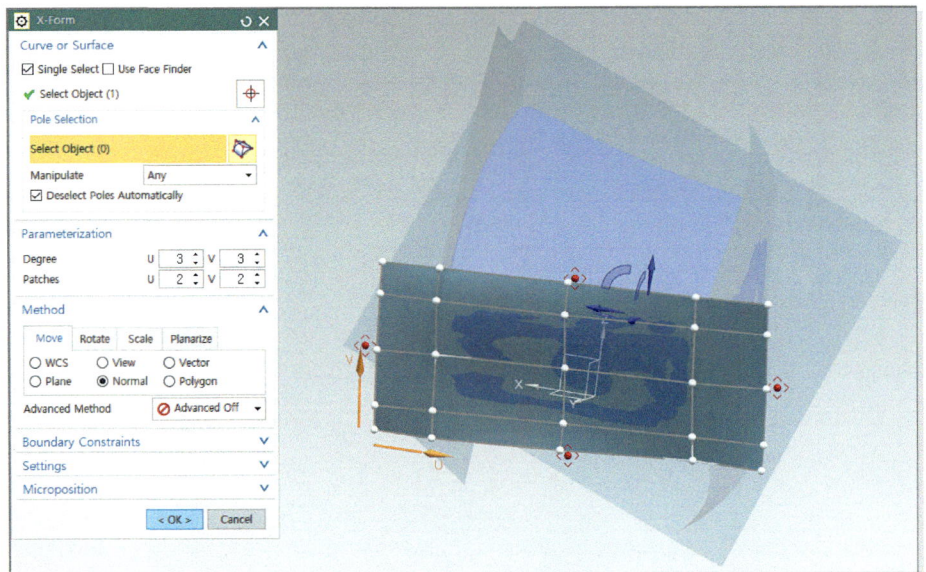

측면 완성

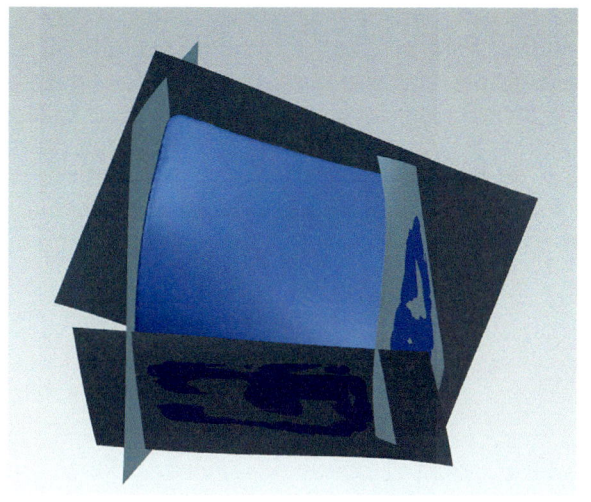

(8) 면 Trim 하기

윗면과 측면을 경계로 Trim 한다. 먼저 측면끼리 트림 후 윗면과 측면을 트림한다.

Surface 탭 > Surface Operations 그룹 > Trim and Extend 실행

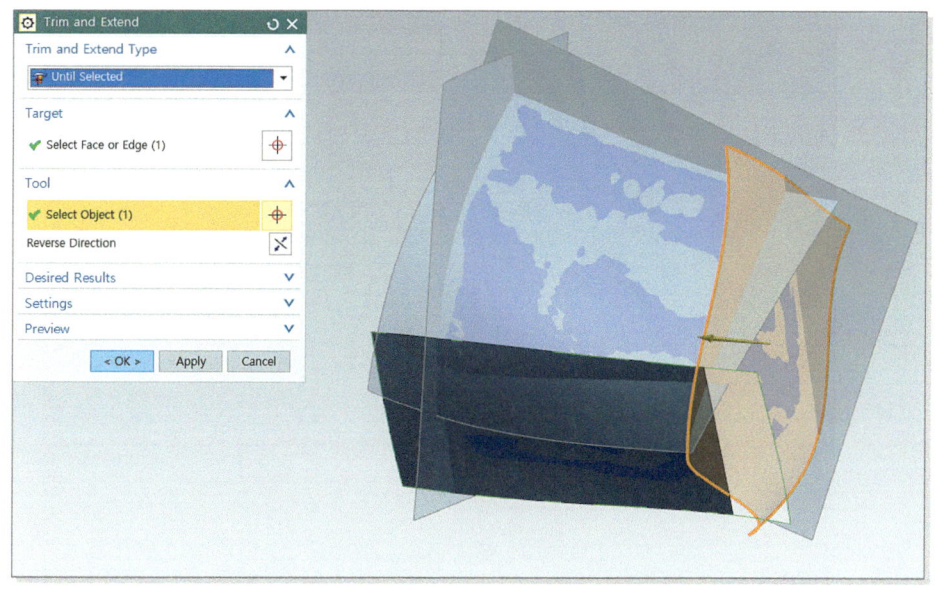

▶ Target은 자를 면을 선택하고, Tool은 경계가 되는 면을 선택한다. 만약 남는 부분이 반대면 반전 화살표를 클릭한다.

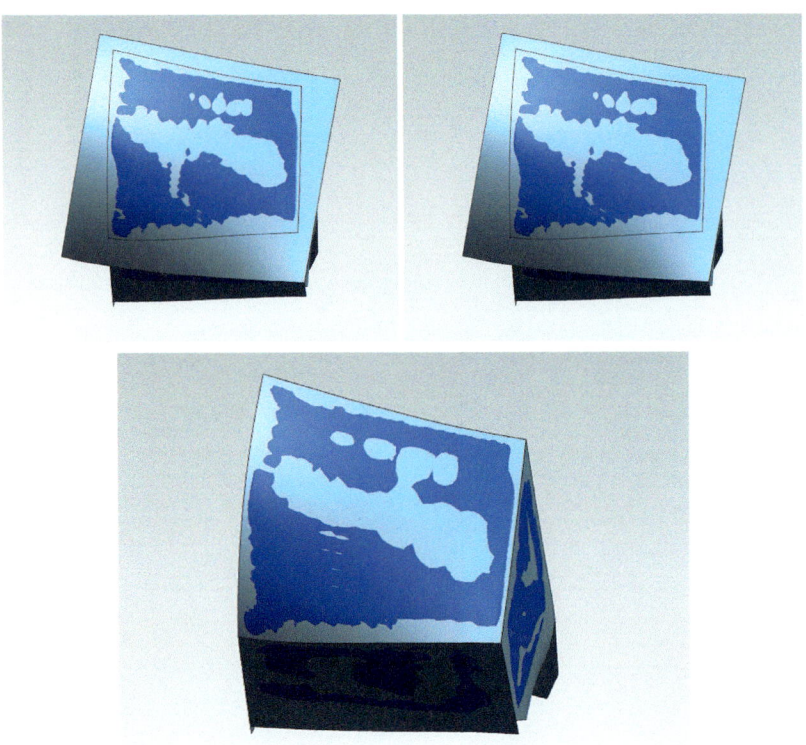

(9) 바닥 면 Trim 하기

바닥 면은 면을 만들어 트림하지 않고 먼저 Z 평면으로 트림 후 평면을 생성한다.

Surface 탭 > Surface Operations 그룹 > Trim Body 실행

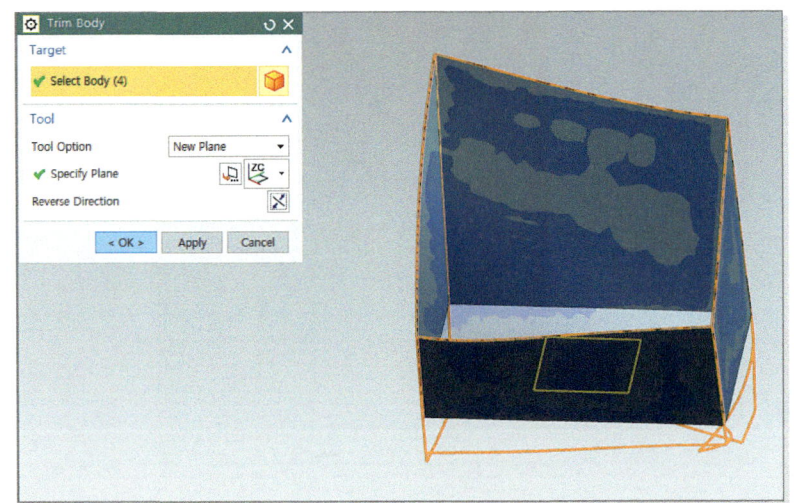

▶ Target은 측면 4면을 선택하고, Tool은 New Plane의 ZC평면을 선택한다.

(10) 바닥 면 생성하기

Surface 탭 > Surface 그룹 > More > Bounded Plane 실행

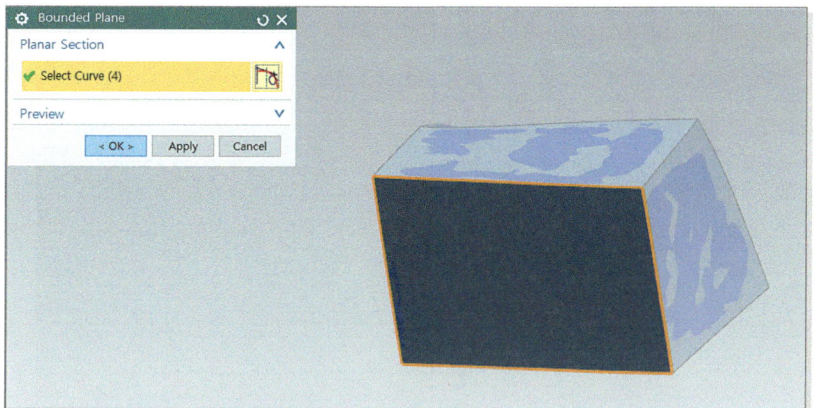

▶ 4개의 측면 네 모서리를 선택한다.

(11) 솔리드 생성하기

Home탭 > Feature 그룹 > More > Sew 실행

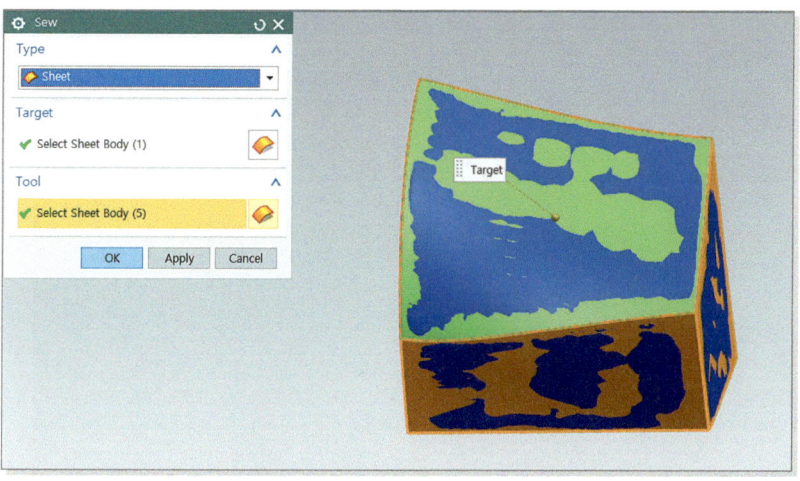

▶ Target은 면 하나를 선택하고 Tool은 나머지 5면 모두 선택한다.

(12) 필렛 처리

필렛 처리하기 전에 먼저 R값을 측정해야 한다.

Curve 탭 > Derived Curve 그룹 > Section Curve 실행

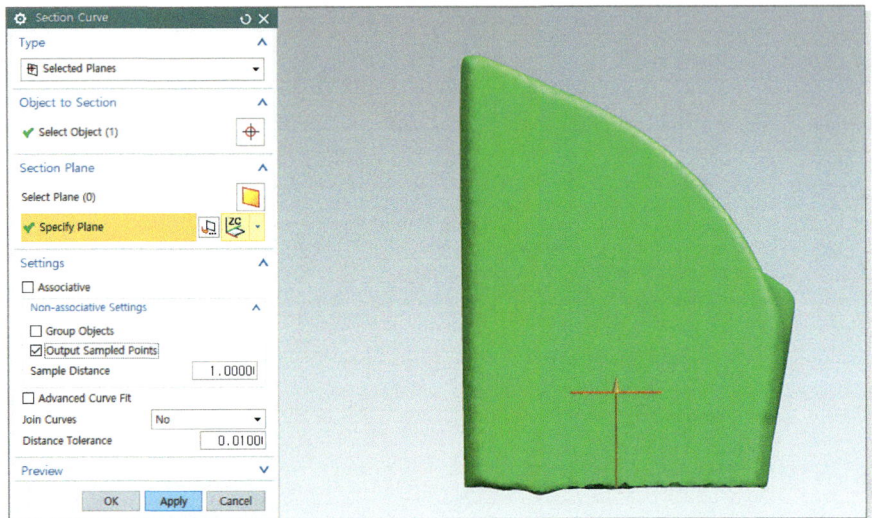

- ▶ Type은 Selected Plane 선택, 스캔데이터 선택 후 Section Plane은 ZC 평면 선택 후 15mm 위치 지정한다.
- ▶ Associative(연관성) 해제, Output Sampled Points 체크 후 Distance 1 지정 : 단면을 Point 1 간격으로 생성함

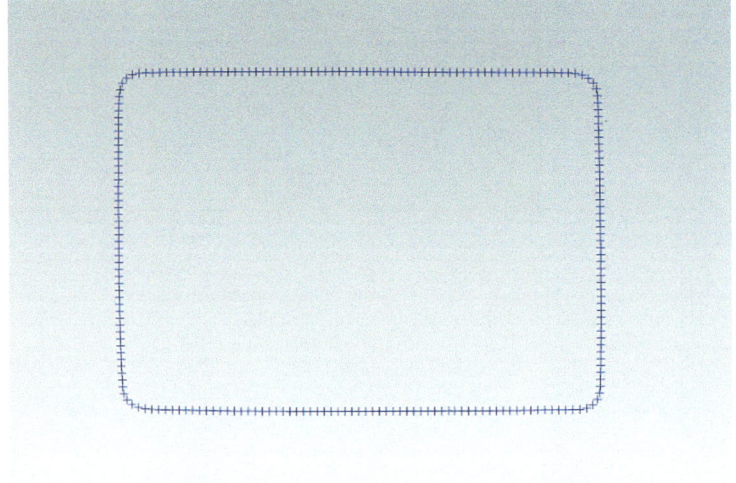

네 모서리의 R값 측정은 Circle을 그려 보아야 한다.

Curve 탭 > Curve 그룹 > Fit Curve 실행

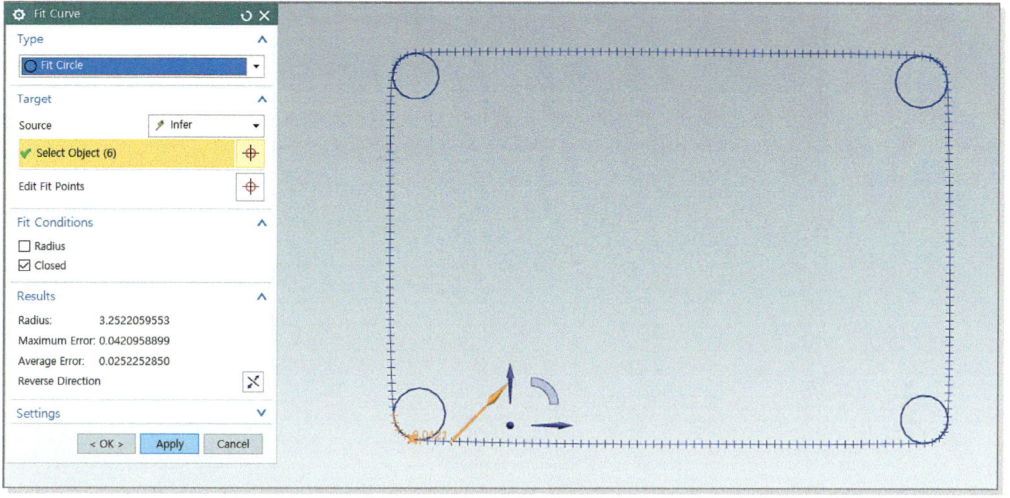

▶ Type에서 Fit Curve를 선택하고, R값을 측정할 Point를 선택하여 Circle을 그린다.

▶ Analysis탭 > Meature 그룹 > Simple Radius 실행

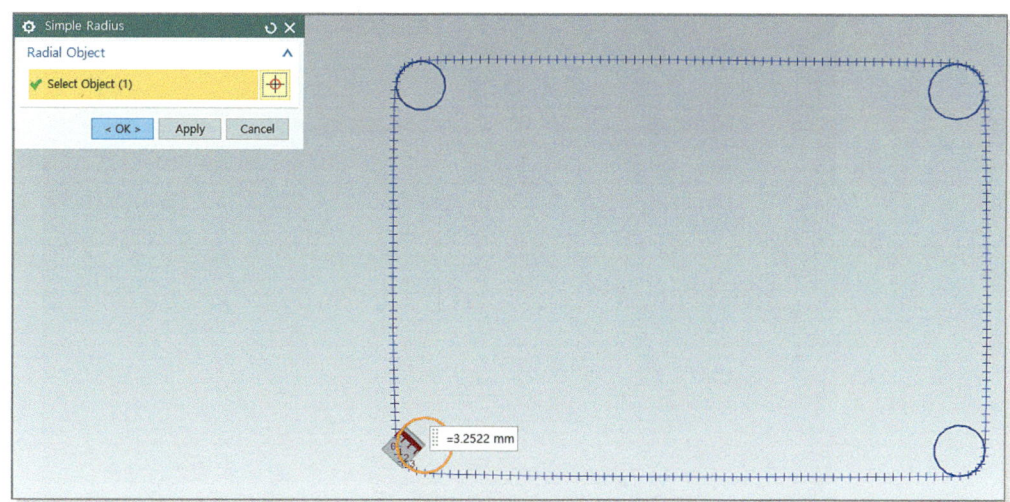

▶ 그려진 Circle을 선택하면, R값을 보여준다.

Home탭 > Feature 그룹 > Edge Blend 실행

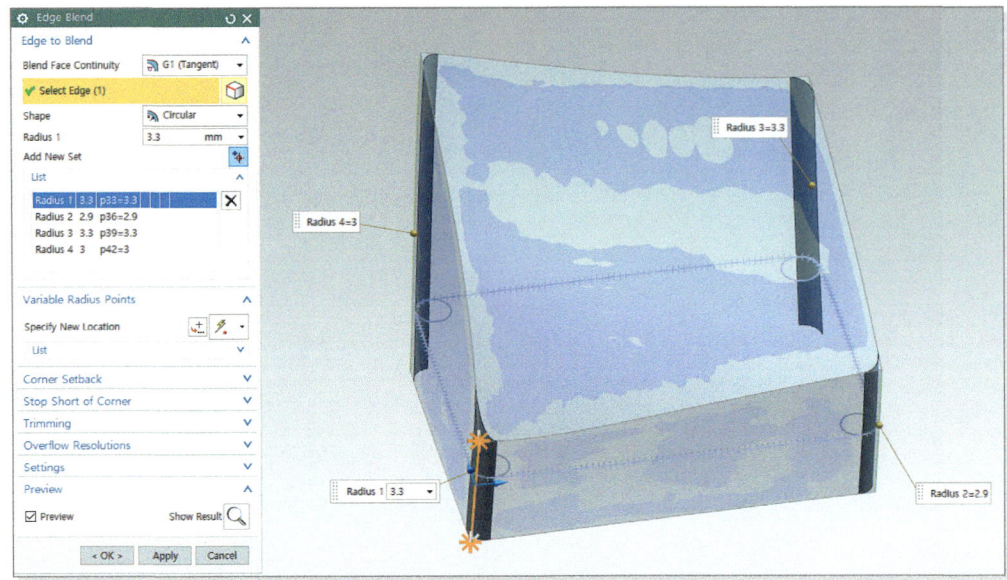

▶ 전 단계에서 측정한 R값 입력 후 필렛 처리
▶ 같은 방법으로 윗면 R값은 1.5mm 입력

(13) 편차 측정

스캔데이터와 모델링의 오차를 비교함

Reverse Engineering 탭 > Analysis 그룹 > Deviation Gauge 실행

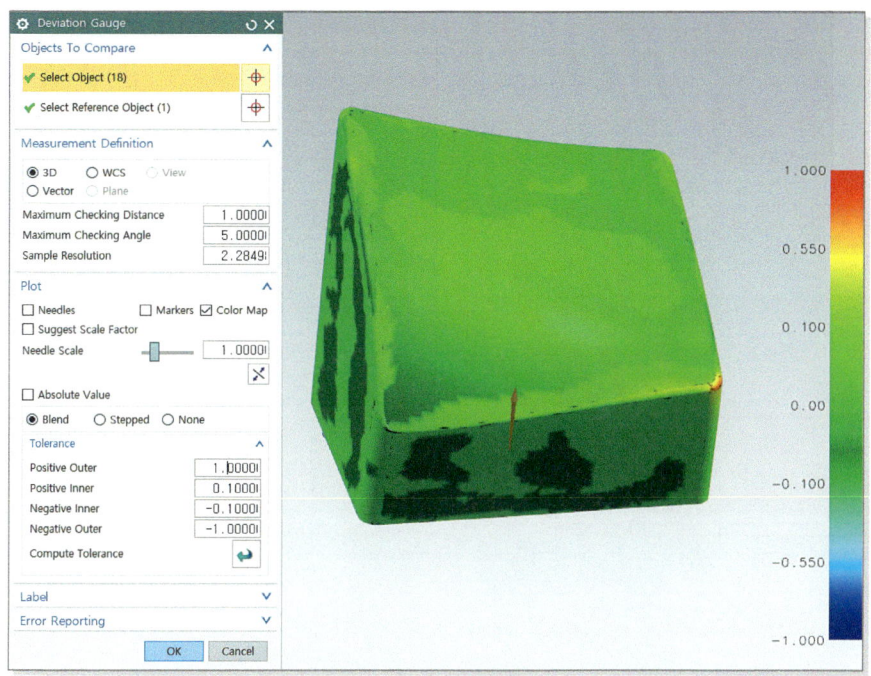

- Select Object : 모델링 데이터 드래그로 선택, Reference Object : 스캔 데이터 선택, Plot : Color Map 선택, Tolerance 값 ±0.1~1.0으로 설정
- 결과 녹색으로 나타나 모델링이 스캔데이터와 차이가 ± 0.1 안에 들어오는 것을 확인할 수 있다. 만약 오차가 크다면 모델링 수정이 필요하다.

제2장 레이저 스캐너(DS-2030) 사용법

1. 사용 스캐너

장비명 : 3D Laser Scanner Surveyor DS 시리즈

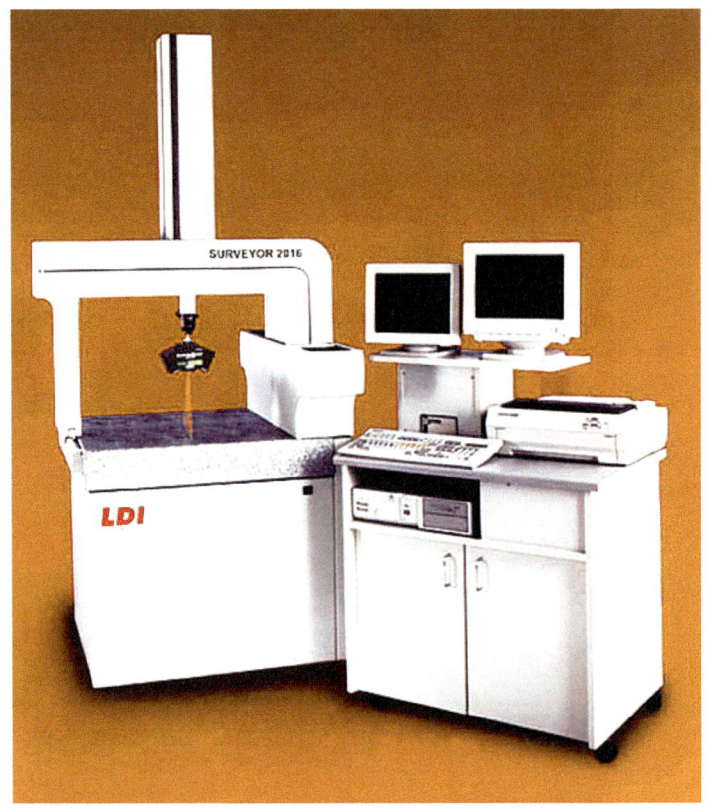

☑ 스캐너 특징

- 제조사 : 미국 Laser Design Inc.
- 측정 방식 : 3D Line Laser Sensor 기법
- 3D Volume 정밀도 : 0.015 mm
- 접촉식 및 비접촉식 측정 가능
- 자동 6축 구동 (X, Y, Z, A, V, W-axis)

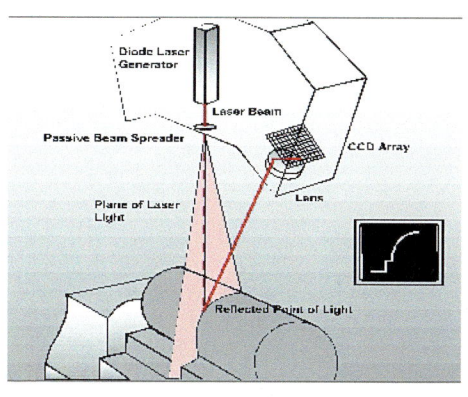

✅ 스캔 원리

- **개발** : 1978년 캐나다 국립 연구재단(The National Research Council of Canada)
- **방식** : 카메라와 레이저 발신자 사이의 거리, 각도 내에서 수신 광선의 상대적 위치 차이
- **방법** : Laser Beam을 측정 대상물로 분사시켜 산란된 빛을 CCD Array에 수집, 3각 측량법을 사용해서 Surface Point의 3D 좌표(XYZ)축을 계산
- **활용** : 측정된 3차원 Point Data는 CAD/CAM 시스템에 호환 (IGES, ASCI 등등)

2. 스캐닝 따라하기

(1) 스캔 준비

❶ 제품 고정

제품을 글루건을 이용하여 지그(Flip Plate Frame)에 고정한다.

▶ 고정시 제품의 중요 부위는 피하며, 제품이 떨어지지 않게 주의함

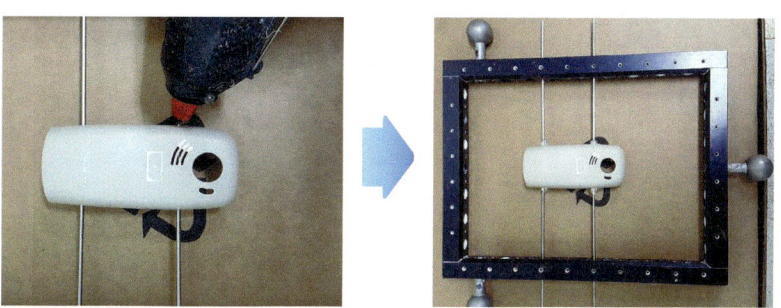

❷ 현상액 도포

레이저의 특성상 검정색, 광택 나는 제품, 유리 제품 등에 현상액을 도포함

▶ 고정시 제품의 중요 부위는 피하며, 제품이 떨어지지 않게 주의함

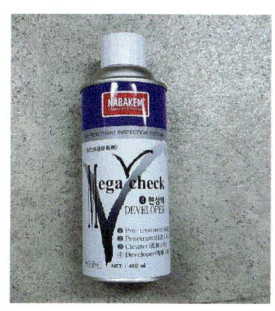

(2) 장비 켜기 및 프로그램(SSC) 실행

❶ 장비 켜기

아래 그림 순서대로 스위치를 켠다.

AVR 전원   장비 메인 전원   PC 전원

❷ 프로그램 실행

컴퓨터 부팅 후 SSC(Surveyor Scan Control)을 실행하기 위해 바탕화면에서 SSC아이콘을 더블 클릭한다.

> ▶ SSC가 실행되면서 장비의 Laser가 나오고 Laser 및 Rotary가 Homming(원점 위치)로 이동한다.

❸ 프로그램 초기 화면

SSC 초기 화면이 열릴 것이다. 이 화면은 두 부분으로 나눌 수 있다.

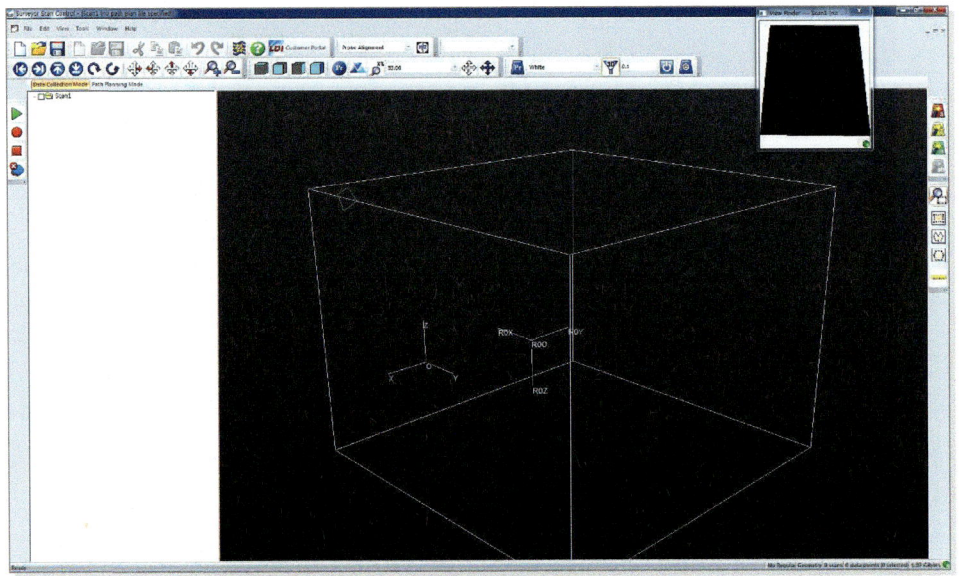

Data Collection Mode는 scanning 한 데이터(point data의 수, 포인트의 좌표값 등)를 보거나 수정할 수 있는 공간이며, Path Planning Mode는 path plan(스캔을 하기 위해 미리 경로를 설정 하는 것, 스캔 경로)을 생성하고 편집할 수 있는 공간이다.

(3) 장비 세팅

❶ Laser Probe Alignment

처음 사용을 위해서 **Laser Probe Alignment**를 해주어야 한다.(0번, 1번 센서의 사용에 있어서 그날의 온도나 습도에 의한 오차 값을 줄이고 포인트를 공간상에 정확한 데이터로 인식시켜주기 위해서이다. 적정온도 : 19~22도, 적정습도 : 40~60%)

가. 정반 위의 홀에 Alignment Sphere(작은 Ball) 설치
나. 화면의 좌측 부분에서 를 클릭하여 Alignment 화면을 연다.
다. 조이스틱을 사용하여 Laser Probe를 Ball의 중심에 올 수 있도록 이동하여 화면 우측 하단 부위의 사다리꼴의 검정 부분에 하얗게 둥근 반원이 그려지도록 한다. 그림 같은 상태로 만든 후 /where/ (현재 레이저 위치값 지정) 버튼을 클릭한다.

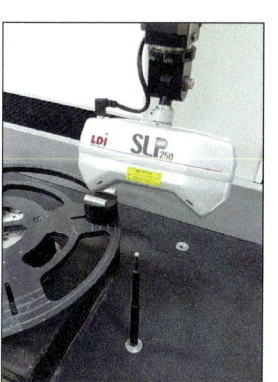

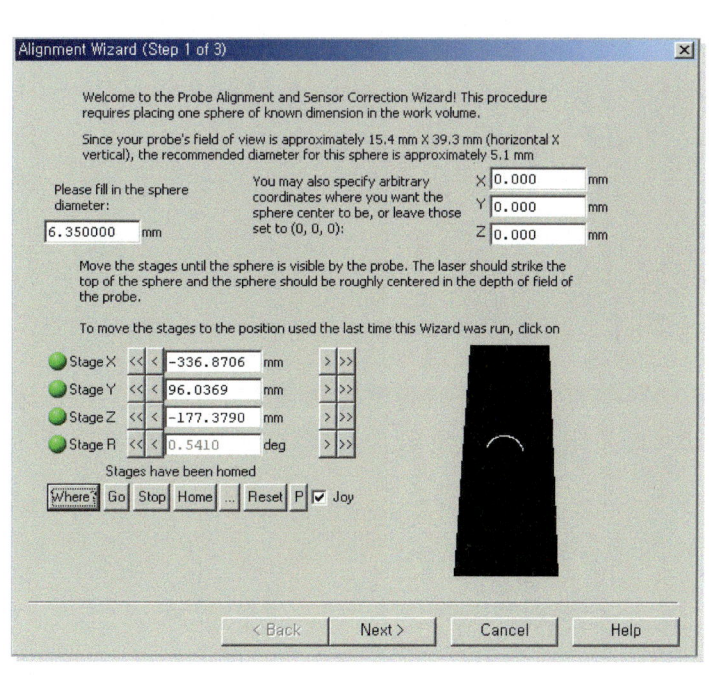

● 조이스틱 사용법

아래 그림과 같이 왼쪽은 Z측을 움직일 수 있고, 오른쪽은 X, Y축을 움직일 수 있다
사용시 레이저가 파트와 부딪치지 않게 +Z방향부터 움직인다.

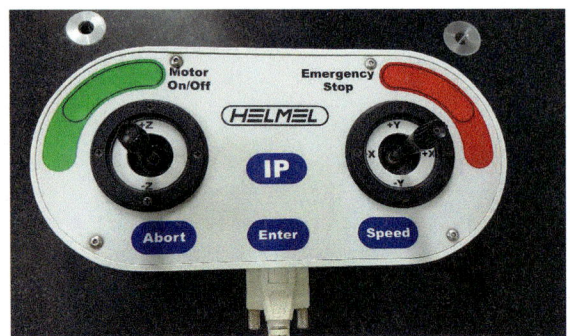

라. /Next>/ 버튼을 클릭한다. 아래 그림과 같은 화면이 열릴 것이다.

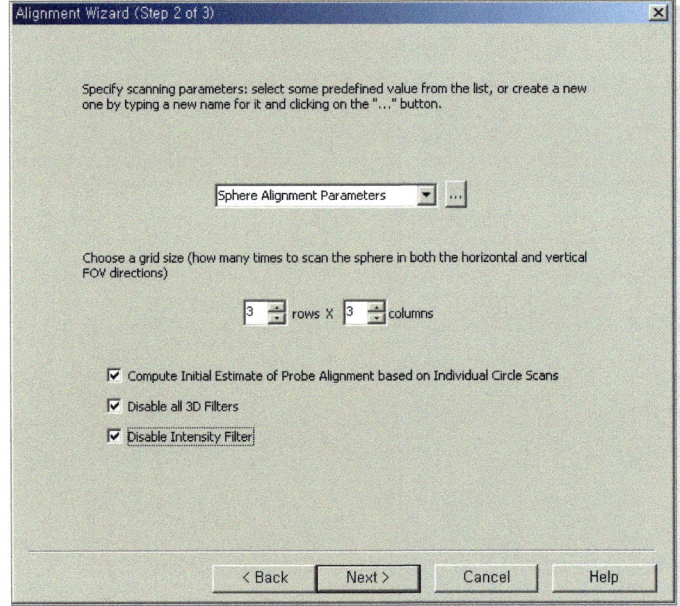

▶ 그림에서 3rows×3columns는 Alignment 시에 Ball의 구간을 9개의 구간으로 나누어 Scan 한다는 것이다. 4×4, 2×2 도 할 수 있지만 default 값으로 둔다.

마. 다음 그림과 같은 화면이 열릴 것이다. Offset 과 Scaling 부분을 체크한 후 /Finish/ 를 클릭하여 설정을 마친다. 이제 Alignment가 시작될 것이다.

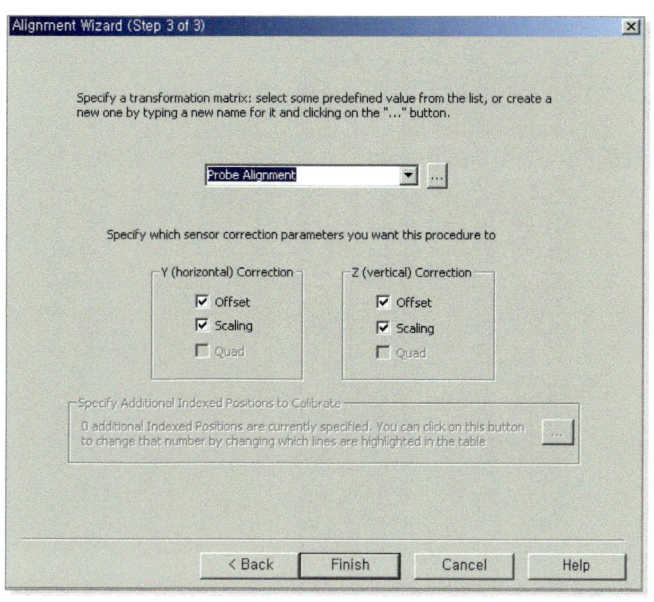

> Alignment가 시작되면서 레이져가 Alignment Sphere를 여러 번 스캔하게 되며, 약 10분 정도 소요된다.

바. 완료되면 그림과 같은 화면이 뜨며 /ok/를 클릭하여 보상 값을 적용한다.

> 아래 그림에 표시된 부분의 수치 값을 확인하여 0.03이하에서만 다음으로 진행하고, 만약 수치가 0.03보다 높다면 Alignment Sphere 고정 등을 확인하고 다시 Alignment를 진행한다.

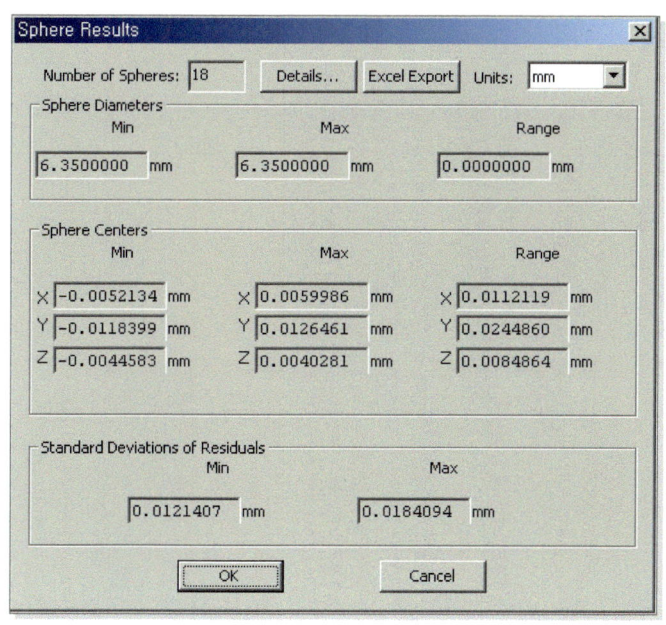

제2장 레이저 스캐너(DS-2030) 사용법 | 149

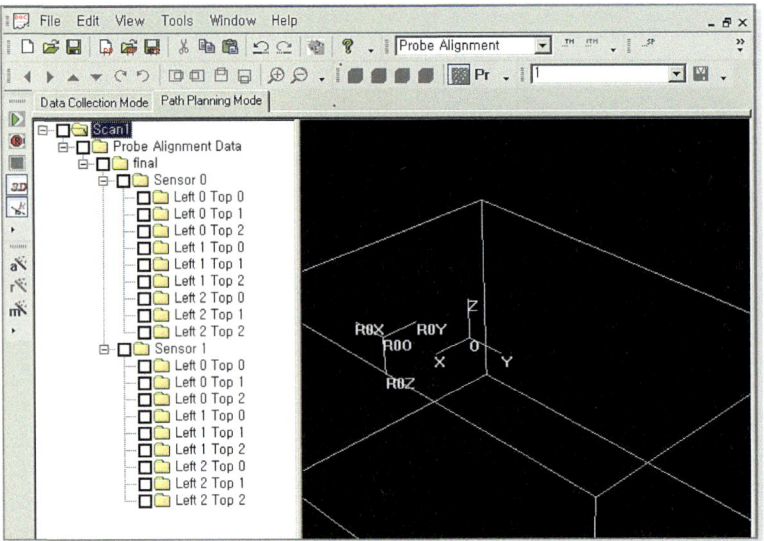

❷ Rotary Calibration

가. 정반 위의 홀에 Alignment Sphere(큰 Ball) 설치

나. Alignment와 마찬가지로 우측 아이콘 중  버튼을 누른다. Rotary Calibration을 한다.

다. 조이스틱으로 Laser를 Alignment Sphere 중심에 위치시킨다.

라. 다음 그림과 같이 열리면 sphere Diameter를 입력하고 /where/를 클릭 후 /Next/를 클릭한다.

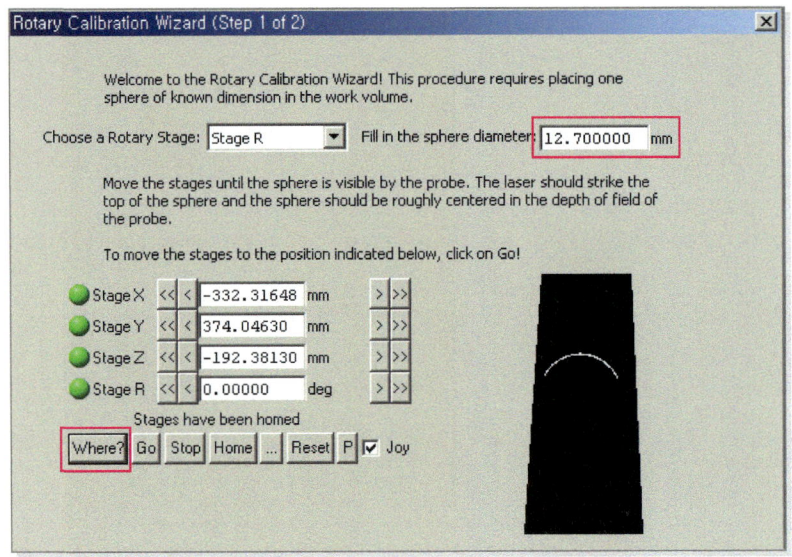

> Rotary Calibration의 Sphere Diameter의 값은 12.7mm 로 모든 laser probe에 동일하게 적용된다.

마. 그림과 같이 열리면 ball과 Rotary의 중심의 거리를 잰 후 그 수치를 입력하여 준다. 그 다음 /finish/버튼을 클릭한다. (/…/으로 ball scan parameter 값을 수정할 수 있다.)

> Rotary와 ball의 거리를 기입하는 것은 어느 정도의 거리 값을 입력하여 줘야 Rotary에서 그 거리를 기준으로 값을 계산하기 때문이다. 매우 정확한 거리 값을 입력해줄 필요는 없다. 여기서 주의해야 할 것은 좋은 Calibration의 값을 얻기 위해서는 ball의 위치를 25.4mm~50.8mm 정도로 위치시키는 것이 좋다.(이 위치 값보다 더 길거나 짧은 곳에 ball을 두어도 무방하다.)

> 숫자를 6으로 선택하게 되면 Rotary의 구간 360°를 6구간으로 나누어 scan하게 된다.

바. Calibration이 끝나게 되면 Alignment와 마찬가지로 다음과 같은 화면이 뜨며 /ok/를 눌러 그 값들을 적용시켜 준다.

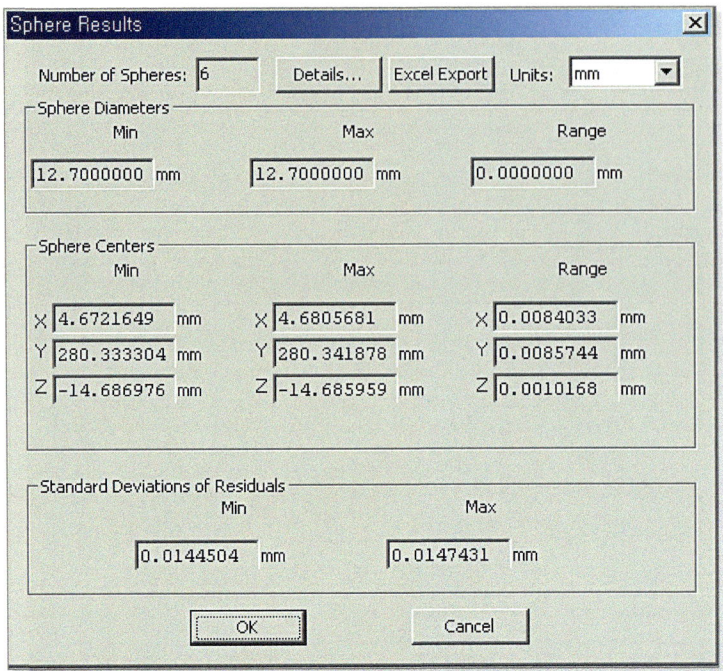

● 참고

- Rotary Calibration은 Alignment와는 개념이 약간 다르다. 이는 Rotary의 중심과 그 둘레에 각 각도마다 위치하여 있는 Sphere(Rotary Calibration Ball)의 위치를 계산하여 Rotary의 정확한 위치 값과 회전하였을 때의 그 오차 값을 계산하여 그 중심을 찾는 방법을 사용한다. 장비를 껐다가 켜도 그 home의 위치가 변하지 않기 때문에 다시 해줄 필요는 없다. 하지만 장비의 사용 중에 프로그램이 강제로 다운됐거나 RED 버튼(안전버튼)을 눌렀다면 다시 해주어야 한다.(Alignment는 다시 할 필요가 없다. Alignment는 Laser Probe를 기울였거나 움직였을 때는 반드시 다시 해주어야 한다. Laser Probe를 움직였다는 것은 Laser가 인식하는 좌표상의 중심이 움직인 것이기 때문에 다시 인식시켜주기 위해서이다.)
- 안전 버튼(Red)을 눌러 scanning을 멈추었다면 현재 모든 좌표상의 값들을 잊어버렸다고 생각하면 된다. 따라서 다시 SSC를 Reset 하기 위해서 SSC화면 안에서 Motion Contol을 선택하고 /Reset/ 버튼을 누른다. 그렇게 되면 자동으로 모터가 on이 되며 그 후 /home/ 버튼을 눌러 homing을 해준다. 이렇게 되면 다시 초기값으로 돌아가게 된다. 이렇게 한 후 다시 원하는 작업을 하면 된다.(Alignment나 Rotary Calibration을 다시 해주는 것이 좋다.)

사. Calibration이 끝난 후 SSC의 Alignment 및 Calibration폴더를 삭제한다.

▶ 삭제는 폴더에 마우스 커서를 놓은 후 오른쪽 버튼을 클릭하여 팝업 창에서 Delete 선택

(4) 제품 scanning

❶ 지그 장착

제품을 고정시킨 지그(Flip Plate Frame)를 장비 Rotary에 장착한다.

> Rotary의 지그 고정 부위는 강한 자석이므로 주의하여 장착한다.

❷ part layer를 생성

자동으로 part layer를 생성하고 레지스트리를 구성하기 위하여 SSC 화면 우측에 버튼을 클릭한다. 아래 그림 화면이 열릴 것이다.(한번 Layer를 생성하게 되면 그 Layer에서 생성된 ball들은 그 위치 값들이 기억된다. 때문에 파트가 바뀌어도 Rotary 및 지그의 위치가 바뀌지 않으면 다시 ball의 위치를 입력해 줄 필요는 없다.)

   가. 새로운 Layer를 생성하려면 /Add/버튼을 클릭하고 이름을 입력한다.

   나. 지우려면 Layer를 선택하고 /Delete/를 클릭한다.

   다. 이름을 바꾸고 싶으면 /Rename/을 클릭한다.

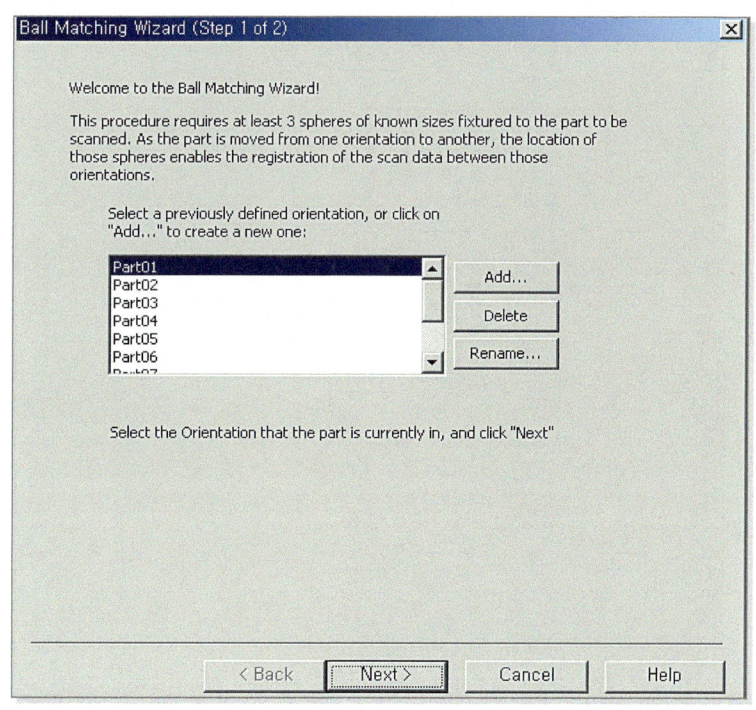

❸ ball들을 생성

Layer 생성이 완료되면 /Next/를 클릭한다. 그림과 같이 열릴 것이다.

가. 우측 화면에 ball들을 생성한다.
나. /≪/를 클릭하여 생성된 ball들 중에서 사용할 ball을 좌측 화면으로 옮긴다.
다. Ball을 옮길 때마다 그림이 뜰 것이다. Laser의 중심이 Depth of Field 화면의 중앙에 오도록 한 후 /Where/ 버튼을 클릭하고 Ball사이즈를 기입한다. 완료되면 /Next/를 클릭한다.

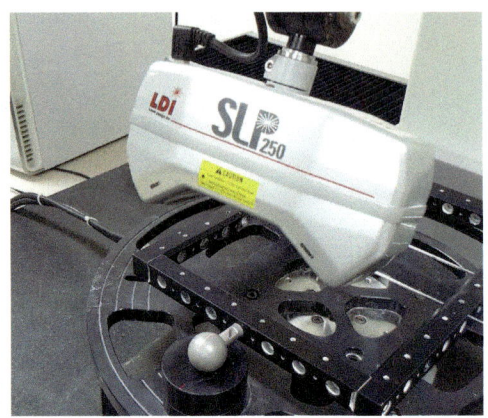

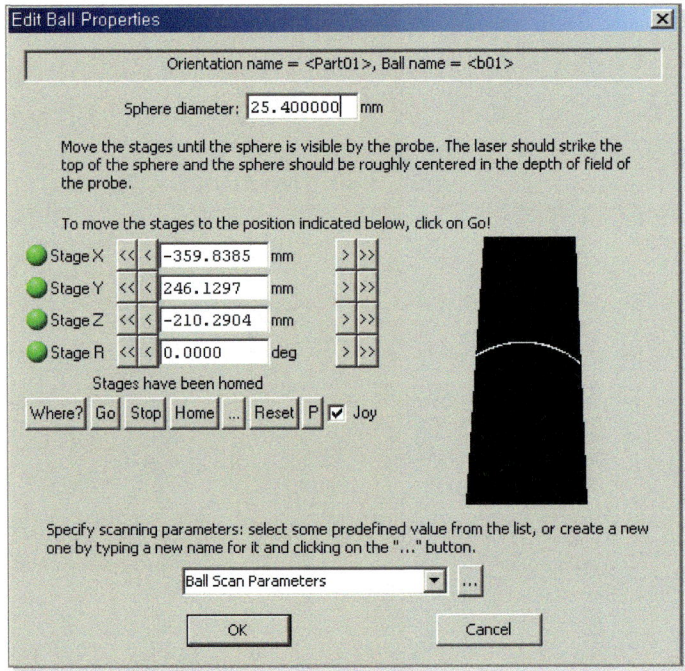

❹ ball scan을 시작

3개의 ball을 위와 같은 방법으로 scan 한다. 생성이 완료되면 ball scan을 시작하고 3개의 ball에 자동으로 Best Fit Data Sphere가 생성된다. 마우스로 Scan Data Layer를 클릭하여 그 화면을 지정한 다음 제품을 Scan 한다.

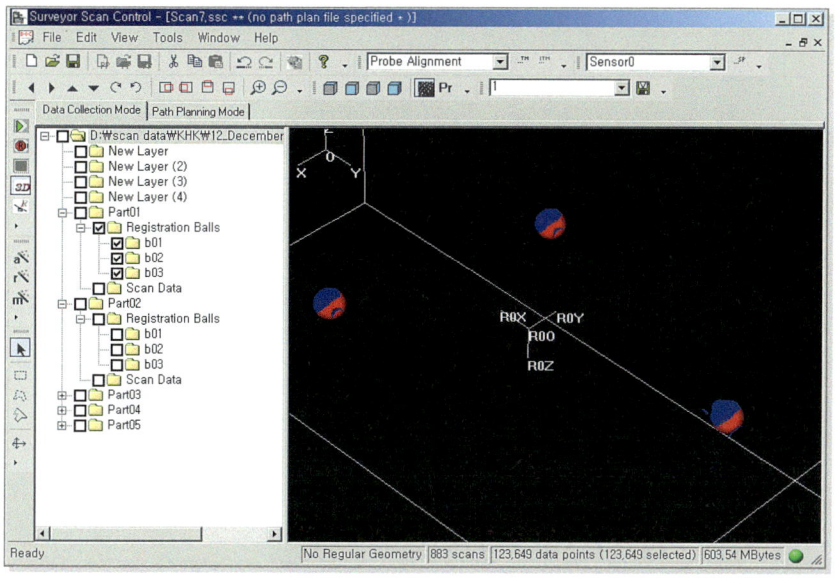

> Ball 3개의 번호(순서)를 알아 두고 뒷면을 스캔할 때도 위와 같은 작업을 하기 때문에 같은 볼을 같은 이름으로 스캔하여야 한다.

❺ Scan Pass 설정

제품을 Scanning 하기 위해서는 경로를 지정해 주어야 한다. Path Planning Mode에서의 화면에서 🗺 를 클릭한 후 화면의 사각박스 안의 중앙에 클릭하면 Path Plan이 하나 생길 것이다. 더블 클릭하여 값을 설정한다.

가. Scan Pass 메뉴에서 Blended 체크와 Linear Spacing 값을 입력한다.(기타 사항들은 setting 값이므로 특별한 사항이 아니면 수정할 필요가 없다.)

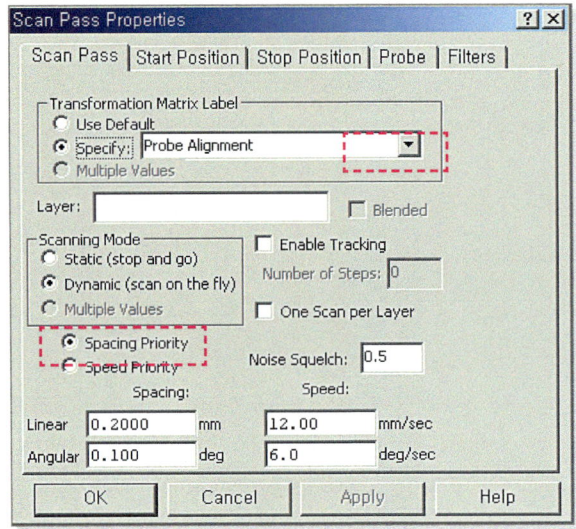

나. 조이스틱을 이용하여 제품의 스캔 영역을 View Finder창에서 확인한다.

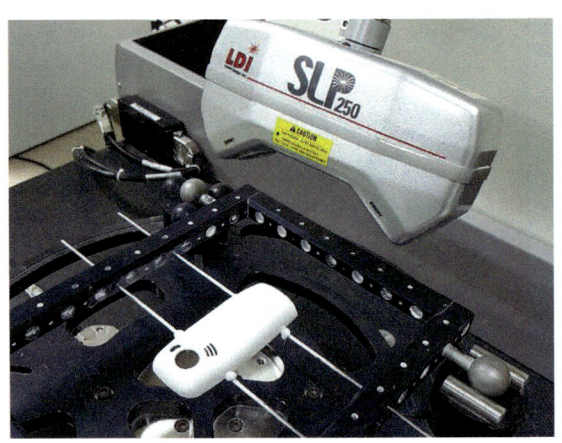
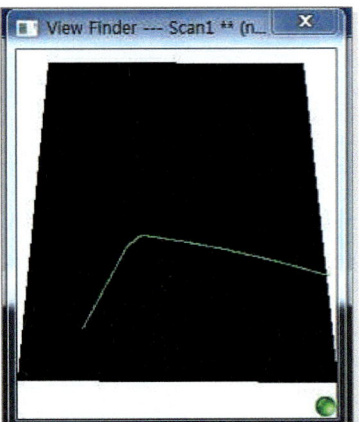

다. 조이스틱을 이용하여 시작 위치로 laser probe를 제품보다 넓은 위치로 이동시킨 후 /where/를 클릭한다.(시작위치 값 지정 그림 참조)

라. 조이스틱을 이용하여 끝 위치로 laser probe를 제품보다 넓은 위치로 이동시킨 후 /where/를 클릭한다.(끝 위치 값 지정 그림 참조)

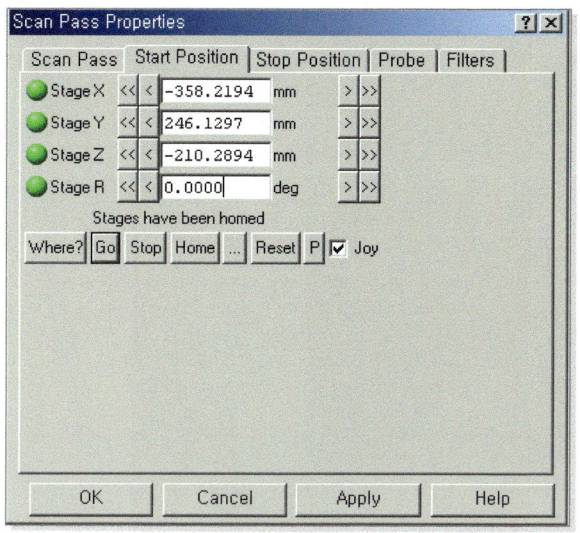
시작위치 값 지정

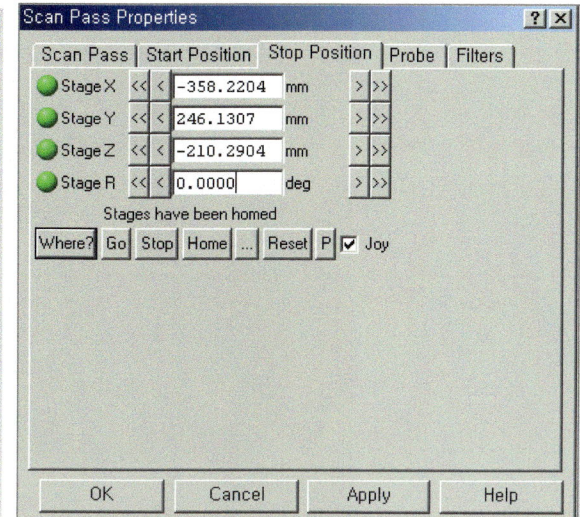
끝위치 값 지정

● 참고

- 수치 값 옆에 있는 / 《 /, / 〈 / 버튼을 클릭하면 laser probe를 정해진 수치 값 만큼 좌우측, 상하로 이동할 수 있다.
- /go/버튼을 클릭하면 적혀있는 수치 값의 위치로 probe가 이동한다.
- /stop/을 누르면 멈춘다.
- /home/을 누르면 home position으로 이동한다.
- /…/, /Reset/을 누르면 장비를 초기화 시킨다.(설정 값이므로 수정하지 않는다.)
- /P/는 Parking Position으로 이동한다.
- 시작과 끝 위치를 지정하였으면 원하는 크기의 laser exposure 값과 scan하길 원하는 센서를 선택한다. (Probe Alignment를 참조한다.)
- Laser의 감도와 세기 및 센서를 조절한다.

마. 위에서 생성한 패스를 복사하여 붙여넣기 한다. 패스 선택 후 마우스 오른쪽 버튼 복사 및 붙여넣기 이용

바. 같은 방법으로 조이스틱으로 제품의 다른 한쪽의 위치에 Laser를 이동하여 스캔 영역을 View Finder창에서 확인한다.

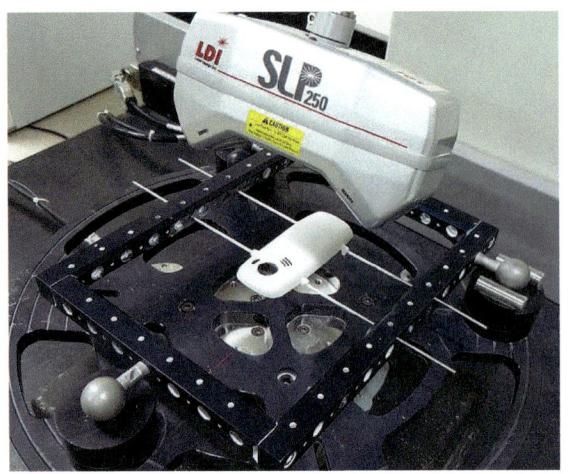

사. (다~라)와 같은 방법으로 제품보다 넓은 위치를 지정한다.

아. 아래 그림과 같이 4지점의 위치를 지정한다.

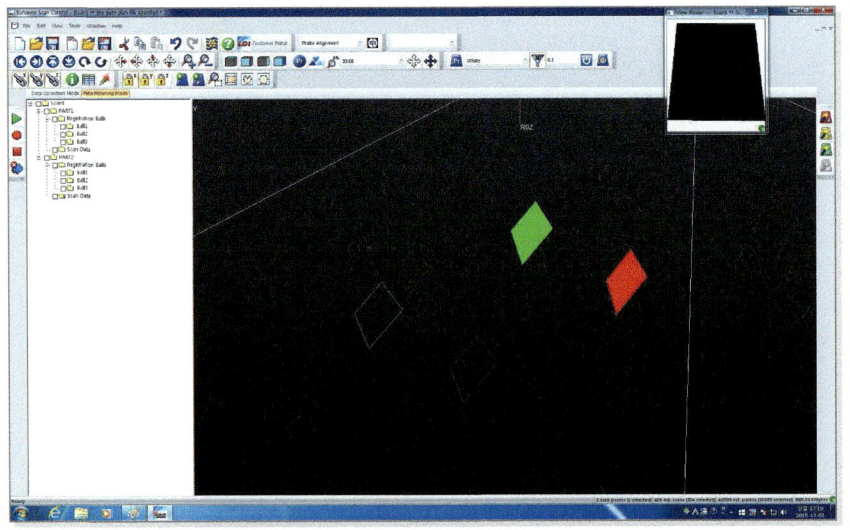

❻ 자동 패스 생성

가. 위에서 만들어진 2개의 패스를 이용하여 전체 패스 생성

나. 두개의 패스를 동시 선택 후 마우스 오른쪽 버튼 클릭 팝업 창 중 Generate Best Path Plan 클릭

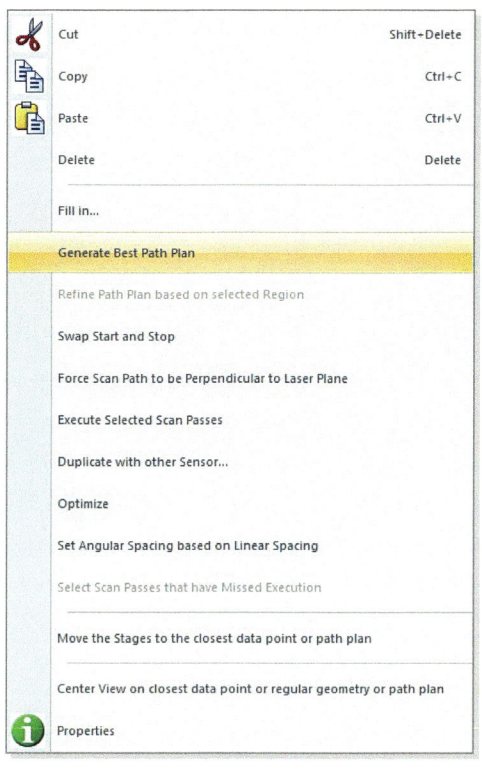

다. 다음 그림과 같은 창이 뜨면, 표시된 부분의 각도만 조절 후 ok 클릭, 다음 창이 뜨면 역시 ok 클릭, 대부분 90도 사용

> 위 각도 값은 Rotary를 90도씩 회전하여 스캔하므로 총 4방향에서 스캔하는 것이다.

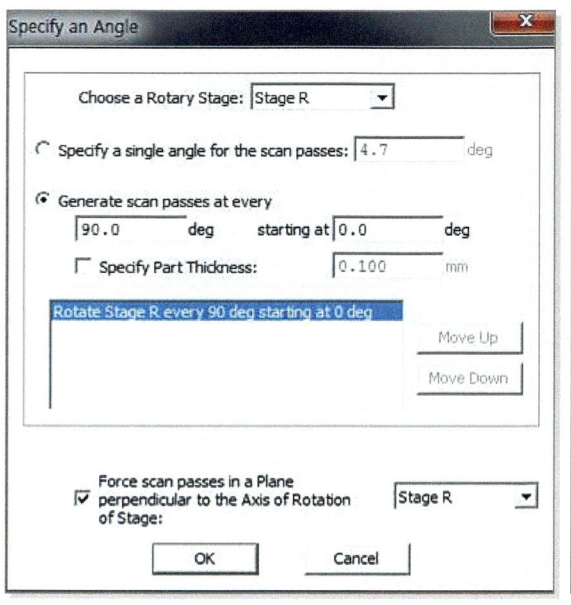

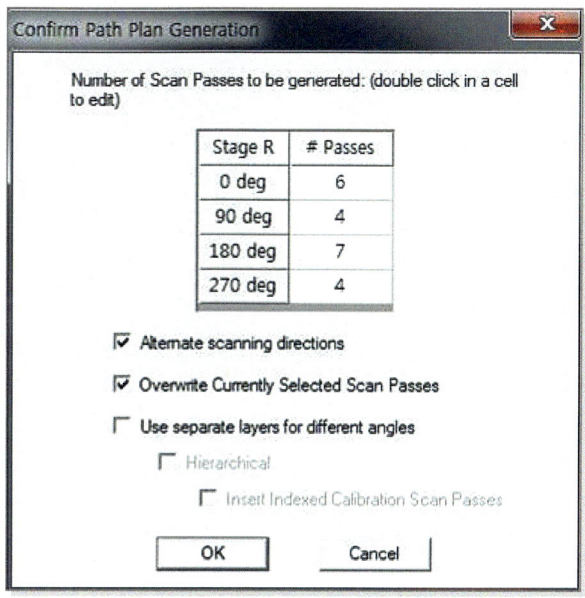

라. 아래 그림과 같이 사면이 패스로 채워진다.

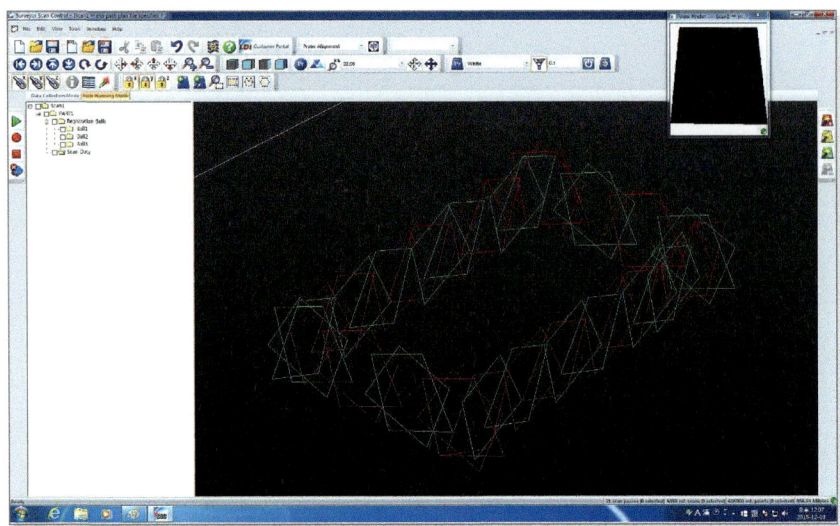

마. 좌측 스캔 시작 버튼 ▶ 클릭하면 스캔 시작한다.

바. 스캔완료 데이터

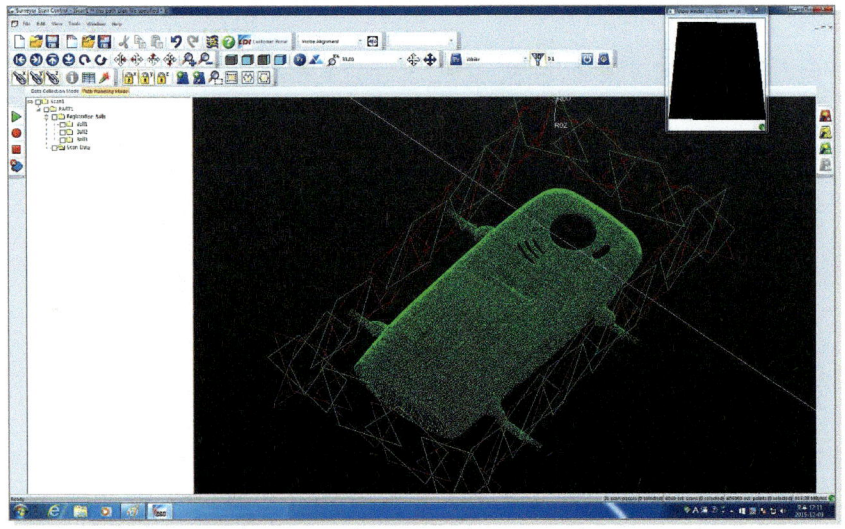

❼ 뒷면 스캔하기

앞면의 Scan이 완료되면 지그를 뒤집어 장착 고정하고 위의 제품을 스캔한다. 과정 ❶~❻번까지 같은 방법으로 진행한다.

> 방법은 위와 동일하며 기억해야 할 점은 ball의 이름이 동일해야 한다는 것이다. 또한 처음 layer를 PART1로 생성하였다면 제품을 뒤집어서 ball을 scan 할 때는 PART2와 같이 다른 이름으로 생성하여야 한다. 아래 그림들을 참고하라.

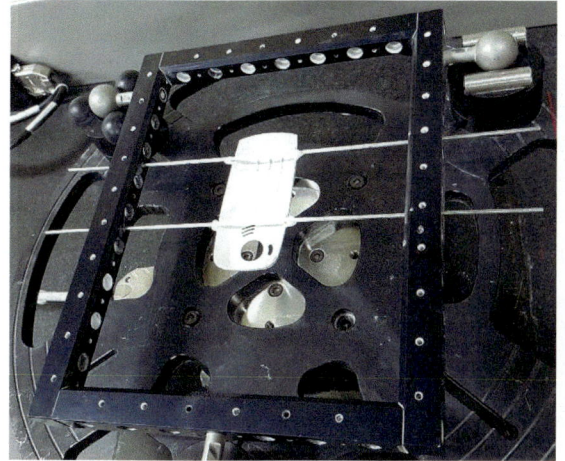

제품 뒤집어 고정

뒷면은 ball 스캔시 part2로 선택

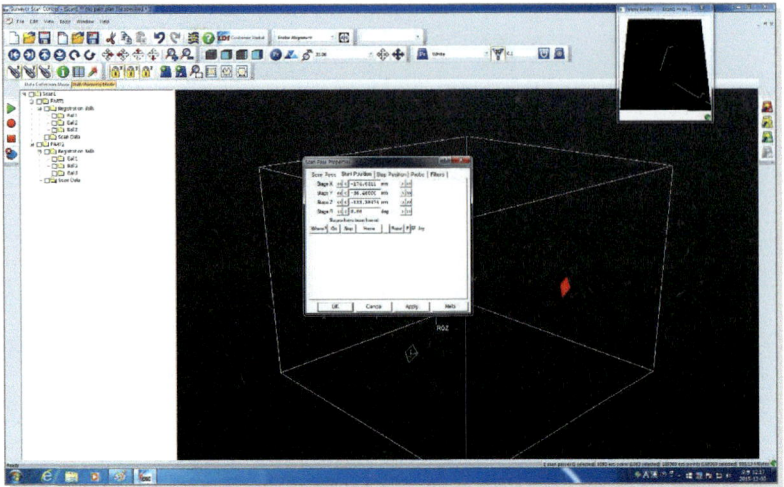
패스 생성 및 수치 입력

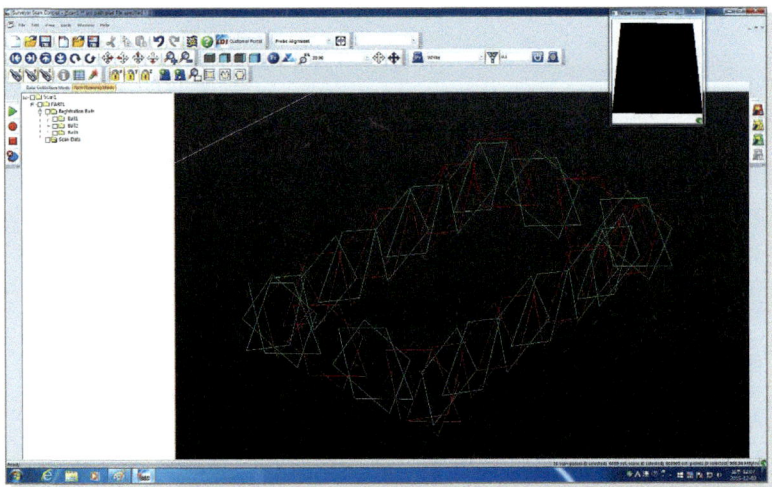
사면 패스 생성

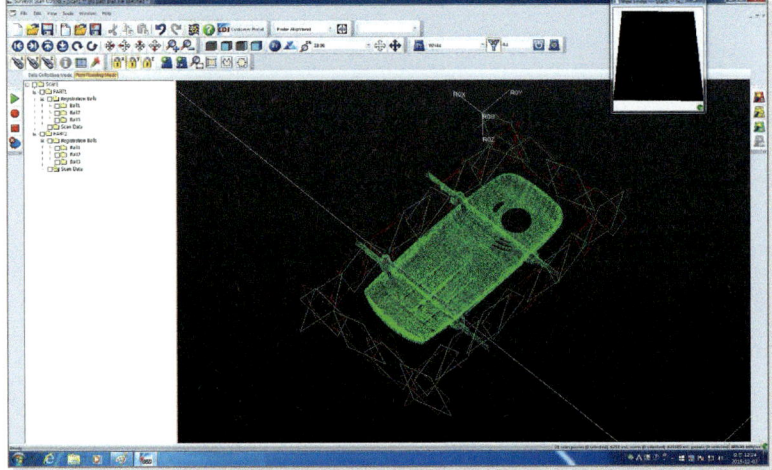
뒷면 스캔 완료

(5) 스캔데이터 합치기

❶ 제품의 앞면과 뒷면 스캔데이터는 별도로 스캔되어 있기 때문에 Sphere를 스캔한 데이터를 이용하여 앞, 뒤 스캔데이터를 매칭한다.

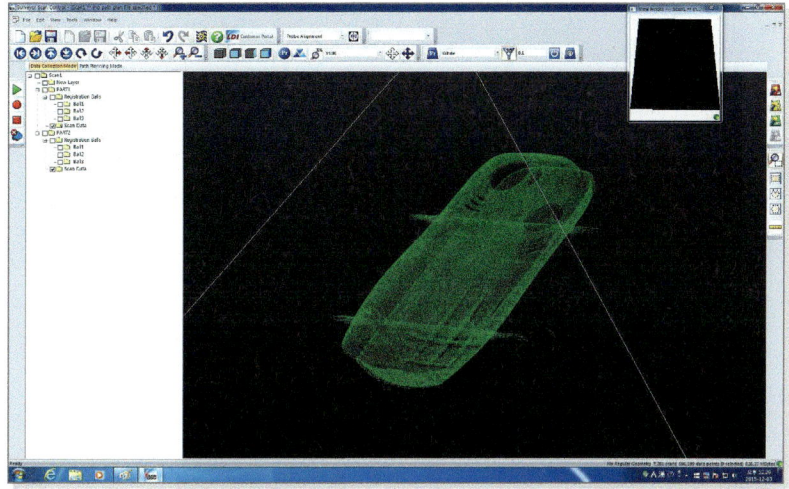

❷ 뒷면을 스캔한 Part2 폴더의 Registration Balls폴더에서 우측 마우스를 클릭하여 팝업창에서 Compute from Sphere Scans → Part Registration 을 클릭한다.

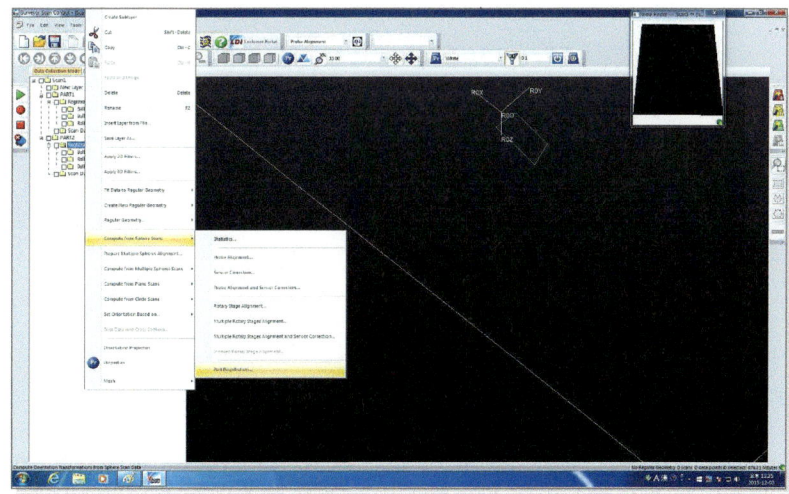

❸ 아래 좌측와 같은 창이 뜨면 앞면 스캔폴더인 PART1 폴더의 Registration Balls 폴더를 선택하고 ok 클릭한다.

❹ 아래 우측과 같은 화면이 뜨면 /ok/를 누른다.

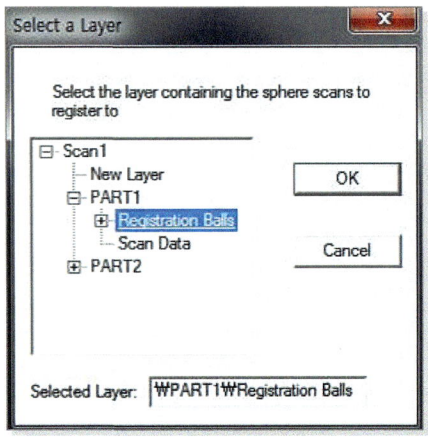 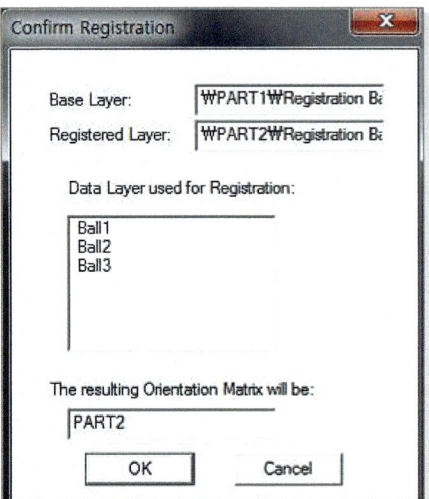

❺ Marge가 완료되면 ball 간의 오차 값이 생성되며 완료화면이 뜬다.

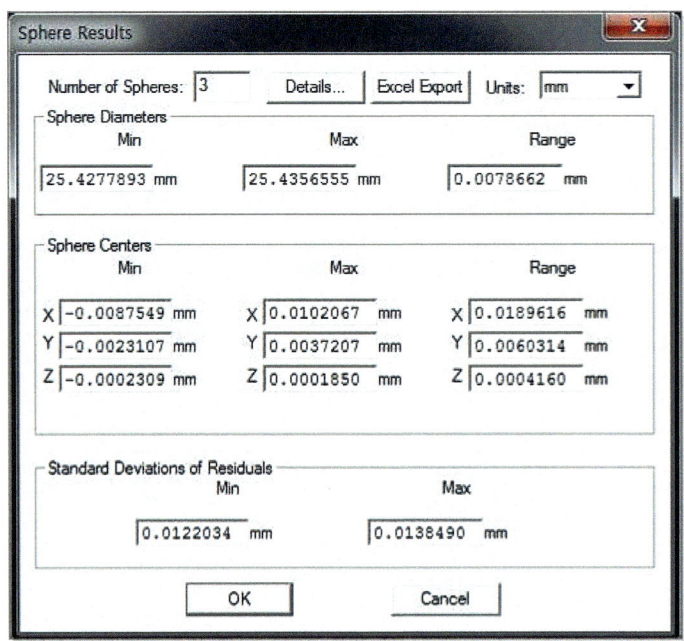

▷ 위 그림에 표시된 부분의 값 확인(0.03이내)

❻ Point data를 합쳐서 보기 위해서는 최상위 layer에 폴더를 생성한다.

❼ 앞, 뒤 scan data layer를 복사하여 Copy and marge in layer를 한다. (마우스로 드래그 앤 드롭을 이용하여 폴더를 복사하는 방식)

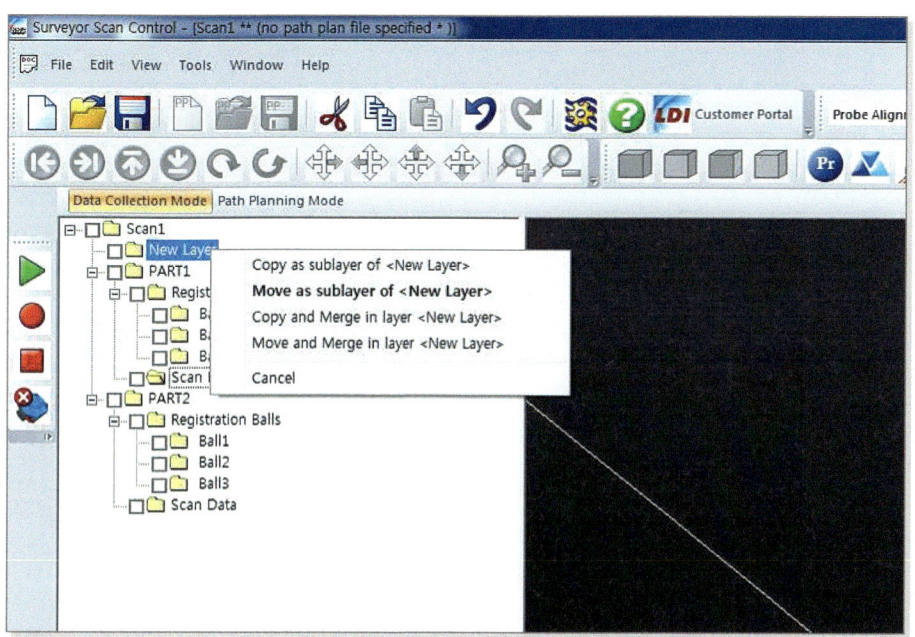

❽ 새로 만든 폴더에는 앞, 뒤 스캔데이터가 하나의 위치로 합쳐져 있다.

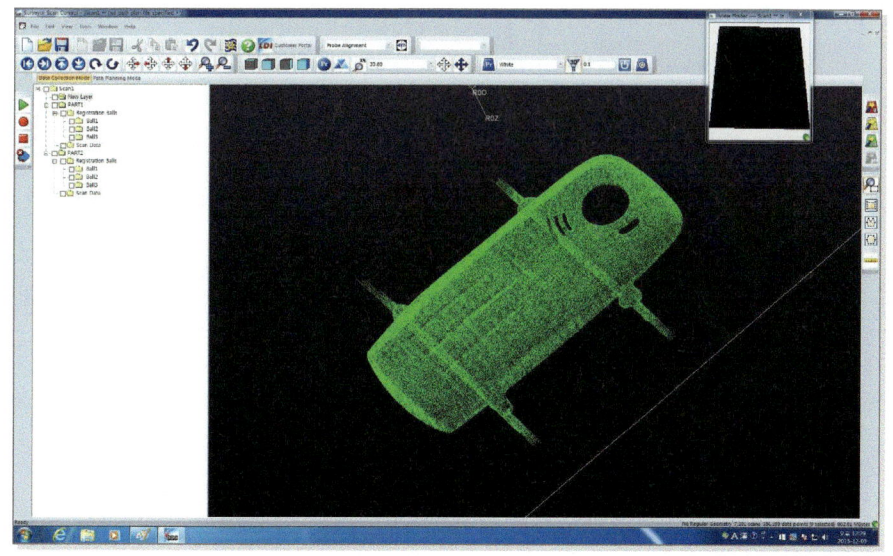

❾ 파일 저장시 새로운 이름으로 저장하며 확장자는 ssc포맷으로 된다.

❿ 스캔데이터 저장시에는 앞, 뒤 스캔데이터가 합쳐진 폴더에서 우측 마우스 클릭 후 Save as Layer를 선택 후 저장한다. 확장자는 asc, igs, scn 등으로 저장한다. 만약 Geomagic 프로그램에서 후 작업을 할 것이면 scn포맷으로 저장하는 것이 용량도 적고 호환이 잘되어 좋다.

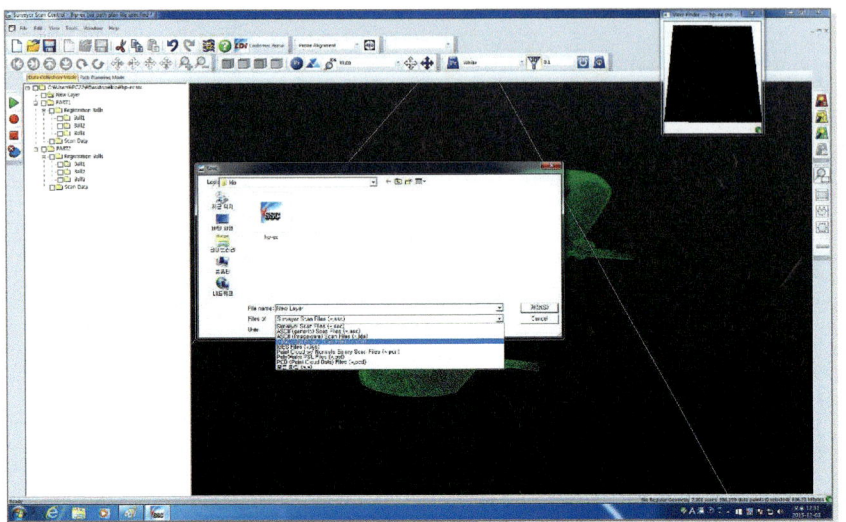

(6) Key Board 단축 키

Key Board Shortcuts

F1	도움말

File Functions

CTRL + N		새 창
CTRL + O		파일 불러오기
CTRL + S		저장
CTRL + V	SHIFT + INSERT	붙여넣기
CTRL + X	SHIFT + DEL	잘라내기
CTRL + C	CTRL + INSERT	복사

Wizards

CTRL + B	**Ball Scan 화면**
CTRL + M	**Ball Matching 화면**
CTRL + R	**Rotary Calibration 화면**
CTRL + W	**Probe Alignment 화면**

View Functions

←		화면 좌측으로 회전
→		화면 우측으로 회전
↑		화면 위쪽으로 회전
↓		화면 아래로 회전
SHIFT + ←		화면 좌측 이동
SHIFT + →		화면 우측 이동
SHIFT + ↑		화면 위로 이동
SHIFT + ↓		화면 아래로 이동
CTRL + D		Zoom Extents
Upper Case Z	+	Zoom In
Lower Case Z	−	Zoom Out
CTRL + T		**Path Plan** Tabular 화면

Data Functions

CTRL + Z	ALT + Backspace	되돌리기
CTRL + Y		되살리기
DEL		삭제
CTRL + A		전체선택
CTRL + U		전체해제
CTRL + I		선택한 것 반전시키기
SHIFT + CTRL + L		3D Plane Filter
SHIFT + CTRL + P		**3D Proximity Filter**

Mouse Shortcuts

Left Mouse Button	Zoom Window Tool
X + Left Mouse Button	Free Form Selection Tool
SHIFT + Left Mouse Button	Polygonal Selection Tool
C + Left Mouse Button	Virtual Caliper
Right Mouse Button	Pop−up Menu
Middle Mouse Button	Rotate
ALT + Right Mouse Button	Pan
CTRL + Any Selection Tool	Unselect Region
SHIFT + Right Mouse Button	Zoom

참고 문헌 및 참고 사이트

- NCS 국가직무능력표준 통합 포털 사이트 학습 모듈 및 자료

- RP 활용가이드

- www. laserdesign.co.kr

- www.vylo.com

- https://ko.3dsystems.com/

- www.stratasys.co.kr/

- https://m.blog.naver.com/msnayana/221457720475

INDEX

찾아보기

ㄱ

가공 전 소재	94
모델링 합치기	73
결합	43
고정식 레이저 스캐너	14
광경화성 수지 적층 조형, SLA(Stereo Lithography Apparatus)	95
광경화성 액상수지	95
광경화 수지	97
광학식(백색광) 스캐너	13
광학식 스캐너 스캐닝	15
끝위치 값 지정	157

ㄴ

날개 1개 회전 패턴	43
날개 모델링 완성하기	68
날개 부의 필렛	74
날개 상면 늘리기	61
날개 상면 모델링	60
날개 상면 미세 수정	64
날개 상면 오차 분석	66
날개 상측면 생성	43
날개 측면 모델링	51
날개 측면 생성	43
넙스(NURBS)모델링	38
노즐	95
노후 금형 및 복수 금형 제작	36

ㄷ·ㄹ

다이나믹미러	96
단면 스케치 하기	46, 53
단면 추출하기	44, 51
단면 커브 만들기	120, 124
돌출 모델링	59
뒷면 스캔 완료	162
뒷면 스캔하기	161

디스플레이 패널	108
디자인 제품 개발 - 3D CAD	35
레벨링 롤러	96
레이저	95, 96
레이저 빔	95
레이저 프로브	21
렌즈	95
로터리	21

ㅁ·ㅂ

마스크 수영 이미지 광경화 조형, DLP(Digital Light Processing)	97
메쉬 편집	37
면 Trim 하기	137
면 늘리기	133
모델링	98
모델링 완성	130
모델링 합치기	73
모델 탈거	109
모서리 블렌드	77
미러	95
바닥 면 Trim 하기	138
바닥 면 생성하기	139
바디 자르기	68
바디 패턴	69
베이스 삽입 후 고정 가이드 고정	108
보충 분말함	96
블럭	73
블럭 생성	43
블록 모델링 하기	70
비접촉식 스캐너	9
빌드 플레이트	95

ㅅ

사면 패스 생성	162
사용 프린터	99
삼각법 레이저 스캐너	9
삼각법 패턴 이미지 스캐너(광학식 스캐너)	10
상황별 디스플레이	108
서포트 제거	100
선 만들기	85
선택적 레이저 소결, SLS(Selective Laser Sintering)	96
솔리드 생성하기	139

항목	페이지
수리(Repair) 부품 제작	36
수조	97
스캐너 구분	11
스캐너 구성	15, 21
스캐너 설정	16, 22
스캔데이터	80
스캐너 헤드	15
스캐닝 하기	17, 25
스캔 대상물	14
스캔데이터 가져오기	41
스캔데이터 불러오기	112, 131
스캔데이터 영역 구분하기	60, 132
스캔데이터 정렬(Alignment) 하기	80
스캔데이터 합치기	163
스캔 원리	145
스캔 준비	13, 145
슬라이싱, 경로화	100
슬라이싱 코드 생성	101
슬라이싱 프로그램	98
슬라이싱하기	102
시작위치 값 지정	157

ㅇ

항목	페이지
압출 적층 조형, FDM(Fused Deposition Modeling)	95
엘리베이터	96
역설계(Reverse Engineering)	11, 33
역설계 방식 및 과정	37
역설계 순서 생각하기	43
역설계 프로그램	37
영역 구분하기	112
영역나누기	81
원통 만들기	83
윗면 만들기	120
윗면 완성	134
의료 분야	12, 36
익스트루더	95
잉크젯	96

ㅈ·ㅊ

항목	페이지
자동차 튜닝 분야	37
자동 패스 생성	158
자동플랫폼(암)	15
자동플랫폼(회전 플레이트)	15

항목	페이지
자유 형상 Surface 모델링	131
작동 프로그램 구성	16
장비 메인 전원	146
장비 셋팅	147
장비 켜기	108
장비 켜기 및 프로그램(SSC) 실행	146
재료량 확인	108
재료 카트리지	99
점군(Point Cloud)	8
접촉식 3D 스캐너	9
정렬(Alignment) 하기	112
정렬 요소	80
정합용 볼 부착	14
제작 완료	100
제품 scanning	153
제품 고정	145
제품 뒤집어 고정	161
제품 스캐닝	13
제품 역설계하기	41
제품 탈거	100
조이스틱	21
조작 판넬	99
조형물	96
조형 분말함	96
조형실	99
조형영역	96
조형 원료	96
조형판	97
조형플랫폼	96
조형 헤드	99
좌표 축에 정렬된 스캔데이터	80
중심부(원통) 모델링	44
중심부	73
중심 부 생성	43
지그 장착	153
지지대	96
지지대 원료	96
지지대 제거	109

ㅋ·ㅌ

항목	페이지
최종 모델링 오차 측정	78
축 정렬	114
출력 헤드	96
측면 만들기	84, 117, 135
측면 솔리드 윗면 Trim	123

INDEX 찾아보기

치수검사(2D&3D)	12
커브 Trim	122
컨트롤 박스	21
코팅재 도포	15
키보드 버튼	108

ㅍ·ㅎ

파트	95
패스 생성 및 수치 입력	162
팬 코어	14
편집 및 Polygon Mesh 생성	29
편차 측정	130
평면 만들기	82
평면 정렬	113
평 삼각법의 원리	9
포켓 및 보스 만들기	124
폴리곤(Polygon)모델링	38
폴리곤메쉬(Polygon Mesh)	8
폴리젯 적층 조형 – Polyjet Printing	96
품질 검사	11
프로그램 초기 화면	147
프린터 구성	99
프린터 설정 및 프린팅 하기	108
프린터 활용	97
프린팅 과정	100
프린팅 시작	108
프린팅 완료	110
프린팅 프로그램 설정	101
필라멘트	95
필렛 완성	43, 78
필렛 작업	74
필렛 처리	129, 140
하드웨어 구성	15
합치기, 빼기	128
핸드헬드(Handheld) 스캐너	10
현상액 도포	145
회전 모델링	50
후가공	98

숫자

3D CAD	12
3D CAD 데이터	11
3D검사	12
3D 스캐너 종류 및 원리	9
3D 스캐닝 개념	8
3D 스캐닝하기	7
3D 스캐닝 활용	11
3D 프린터 방식	94
3D 프린팅	12, 91
3D 프린팅 개념	92
3D 프린팅 과정	98
3D 프린팅의 역사	93
3D 프린팅하기	99

영문

Alignment(정렬)	40
Analysis(해석)	41
AVR 전원	146
ball scan	154
BMT 및 해석	36
CAD와 스캔정렬	12
Construction(생성)	41
CT(Computed Tomography) 스캐너	11
Curve 그리기	117
DLP프로젝터	97
Extrude(돌출) 하기	119, 126
Facet Body Operations(파셋 바디 작업)	41
Fit Surface 생성	132
GD&T	12
Key Board 단축 키	166
Laser Probe Alignment	147
NX를 이용한 역설계 따라하기	112
NX에서 역설계하기	40
NX에서의 역설계 과정	39
part layer 생성	153
PC 전원	146
Reverse Engineering 탭 도구 모음	40
Rotary Calibration	150
R값 측정	75
Scan Pass 설정	155
Solid 모델링	112
STL 내보내기	100
STL 파일 만들기	98
Surface 생성	122
TOF(Time-Of-Flight) 방식 레이저 스캐너	10
UV 커팅 램프	96
XYZ 브리지	21

따라가며 이해하는 역설계

3D스캐닝부터 3D프린팅까지

1판 1쇄 발행	2021년 7월 22일

지은이 정길호·정인룡 공저
펴낸이 박 용
펴낸곳 도서출판 세화 **주소** 경기도 파주시 회동길 325-22(서패동 469-2)
영업부 (031)955-9331~2 **편집부** (031)955-9333 **FAX** (031)955-9334
등록 1978. 12. 26 (제 1-338호)

정가 20,000원
ISBN 978-89-317-1091-5 13550

Copyright©Sehwa Publishing Co.,Ltd.

※도서출판 세화의 서면동의 없이 이 책을 무단 복사, 복제, 전재하는 것은 저작권법에 저촉됩니다. 파손된 책은 교환하여 드립니다.